北京鸭Ⅲ系

U0297824

北京鸭Ⅳ系

1

北京鸭家系小群

南口种鸭场北京鸭父母代种鸭群

2

前鲁鸭场原种鸭群

前鲁鸭场父母代种鸭群

3

种鸭使用的
颗粒料箱

雏鸭由料盘到使
用料桶过渡阶段

网上育雏

4

乳头饮水器

用手压式填饲机填鸭

5

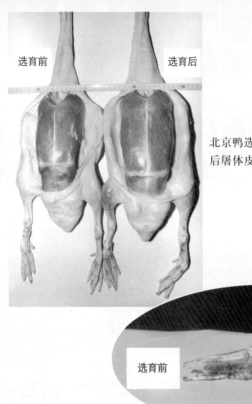

北京鸭选育前与选育
后屠体皮下胸部比较

胸骨侧面比较

选育前　　选育后

选育前　　选育后　　胸骨正面比较

6

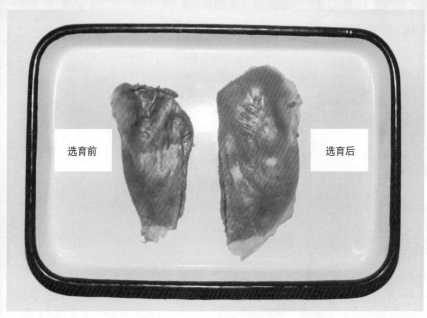

胸肌面积比较

胸肌重量比较

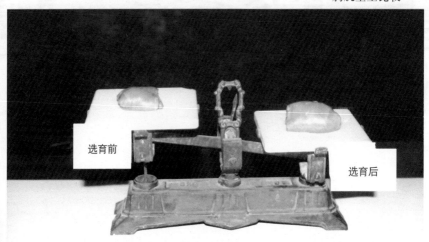

7

公番鸭

番鸭群

北京鸭选育与养殖技术

编著者

杨学梅　黄　礼　范学珊

柴国祥　季连宽　闫　磊

李国臣　郝路林

金盾出版社

内 容 提 要

本书由北京鸭育种专家、北京市农场局杨学梅高级畜牧师(教授级)编著。内容包括：概述，北京鸭的选育、孵化、营养需要与常用饲料、饲养管理，鸭舍与设备，鸭病的防治。本书较系统全面地介绍了北京鸭的选育技术和养殖经验。语言通俗简练，技术先进实用。适合养鸭户、鸭场技术人员和农业院校师生阅读参考。

图书在版编目(CIP)数据

北京鸭选育与养殖技术/杨学梅等编著．—北京：金盾出版社，2003.12

ISBN 978-7-5082-2731-3

Ⅰ．北… Ⅱ．杨… Ⅲ．①北京鸭-选择育种②北京鸭-饲养管理 Ⅳ．S834

中国版本图书馆 CIP 数据核字(2003)第 091649 号

金盾出版社出版、总发行
北京太平路 5 号(地铁万寿路站往南)
邮政编码：100036 电话：68214039 83219215
传真：68276683 网址：www.jdcbs.cn
彩色印刷：北京凌奇印刷有限责任公司
黑白印刷：北京金星剑印刷有限公司
装订：桃园装订厂
各地新华书店经销
开本：787×1092 1/32 印张：6 彩页：8 字数：127 千字
2010 年 6 月第 1 版第 3 次印刷
印数：12001—18000 册 定价：9.00 元
(凡购买金盾出版社的图书，如有缺页、
倒页、脱页者，本社发行部负责调换)

目　　录

第一章 概 述

一、北京鸭的历史及世界地位

(一) 北京鸭的历史

北京鸭具有 600 多年的历史,据文献记载,北京鸭形成于我国明朝时期。当时,皇宫用的粮食是由南方经水路通过运河送到北京的,船工们随船带来部分"白色湖鸭"落户到北京的东郊。另外,北京东郊潮白河一带农户也饲养"白河蒲鸭"。这两种白色鸭同时饲养在北京东郊地区。由于北京西郊饲养鸭子的自然条件比东郊优越得多,随后就把东郊白色鸭运到京西玉泉山脚下以放牧和舍饲相结合的方式饲养,使之逐步成为皇宫的贡品。

京西盛产稻谷,泉水严冬不冻,酷夏凉爽,水源充足,鱼虾成群,水草丰富繁茂,是饲养鸭子的良好环境。由于京郊劳动人民长期精心饲养和有意识的选择,使北京鸭的优良性状不断得到提高并巩固下来。经过培育的北京鸭,体型一致,外貌美观,全身覆盖洁白的羽毛,喙及脚均为橙黄色,具有丰满的肌肉和细嫩的肉质,是优良的肉用鸭品种。

北京鸭的起源与育成都在北京,可是北京市在 20 世纪 50 年代每年仅生产几万只肉鸭。商品肉鸭以填饲为主,用玉米、黑豆、高粱和次面(食用白面的下脚料)等作为饲料,手工搓成条状的"剂子"填饲,每天每人填 80~100 只。鸭的饲养周期为 90～120 天,平均体重为 2.5 千克,活重与饲料比 1∶6。60 年代每年生产几十万只,饲养周期 65～75 天,平均体重为 2.5 千克,活重与饲料比 1∶4。70 年代每年生产 200 多万只,已经发展到利用电动填鸭器人工辅助填食,每人每天可填 600～700 只。填食利用配合饲料,饲养周期 56～65 天,体重 2.5～2.7 千克,活重与饲料比 1∶3.7～4。80 年代每年生产 300 万～500 万只,由于专门化的品系育成,利用杂交配套繁殖商品肉鸭和利用比较合理的配合饲料进行饲养,大大缩短了饲养周期,一般 49～56 日龄,体重 2.8～3 千克,活重与料比 1∶3.2～3.6。90 年代每年生产 900 万～1 000万只,由于不断地筛选出品系间的杂交组合,再加上多数鸭场已利用全价饲料,同时由地面散养改为网上饲养。每人每天的工作量:喂填鸭的,1 000～1 200 只;喂湿拌粉料的,3 000～5 000只;喂颗粒料的,8 000～10 000 只。出售日龄 42～45 天,活重3.1～3.4 千克。活重与耗料比,填鸭为 1∶3.2～3.4,喂湿拌粉料的为1∶2.5～2.7,喂颗粒料的为 1∶2.3～2.5。42 日龄胸肉率 12.5%。主要营养水平:0～14 日龄,粗蛋白质为22%,代谢能 12.85 兆焦/千克;15～35 日龄,粗蛋白质为19.5%,代谢能 12.9 兆焦/千克;36 日龄至出售,粗蛋白质为17.1%,代谢能 12.65 兆焦/千克。

北京市的北京鸭生产性能在 20 世纪 70 年代以前,由于各种因素影响,在某些方面落后于西方国家饲养的北京鸭。自 20 世纪 70 年代开始,北京市有关部门将科技人员组织起来,进行北京鸭的选育。经过 30 多年的努力,现在北京市已有十几个北京鸭新品系。

北京市养鸭现用的杂交配套母系一般是中等体型的种鸭。生产性能:42 日龄平均体重 2.6 千克,活重与耗料比

1:2.5;49日龄平均体重2.9千克,活重与耗料比1:2.8。母鸭156日龄开产,体重3.15～3.25千克。公鸭体重3.4～3.5千克。母鸭40周产蛋220～230个,年平均产蛋256个。如此高的产蛋性能在世界同类肉鸭中是少有的。广东省东莞中外合资鸭场的樱桃谷鸭,年饲养日产蛋量为163个,而在气候相似的广西南宁市饲养的北京市选育的北京鸭母系,年饲养日产蛋量为195个。在同样的饲养管理条件下,1984年北京市双桥鸭场饲养的母系生产群,10个月的饲养日平均产蛋量为226个,而狄高鸭为165个。可见,北京鸭的产蛋性能优于樱桃谷公司的种鸭和狄高鸭。

杂交配套的父系是大体型的鸭,42日龄平均活重3.2千克,活重与耗料比1:2.4;49日龄平均活重3.5千克,活重与耗料比1:2.7。母鸭168日龄开产,平均体重3.3千克。公鸭成熟平均体重3.75千克。母鸭40周平均产蛋196个,年平均产蛋232个。

(二)北京鸭的世界地位

据文献记载,北京鸭于1873年首次被英国及美国引进,立刻轰动了西方市场,并冲击了英国爱斯勃雷鸭的销路。当时英国商人用贷款预购北京鸭,并在天津设立了北京鸭收购部,把宰好的北京鸭运往英国,十分畅销。由于国外争相购买,北京鸭名声愈来愈大,一时供不应求,售价昂贵,有人把它比作"金砖"。1888年北京鸭被日本引进,1925年又输入前苏联。英国和美国均把北京鸭定为家禽标准品种。

自最初引进到现在的100多年间,各国育种专家按照自己的目标把北京鸭培育成本国的品系或杂交育成新的肉鸭品种。如美国长岛和枫叶两大鸭场利用纯种北京鸭繁殖生产商品肉鸭。世界著名商品肉鸭都是以北京鸭为主要育种素材或完全用北京鸭选育而成的,如英国的樱桃谷公司的北京鸭,丹麦的海加德鸭,澳大利亚的狄高鸭,前苏联(俄罗斯)的莫斯科白鸭等。

北京鸭有广泛的适应能力,种鸭除在大风大雪天气之外,一般在冬天不低于-20℃情况下,仍可到舍外活动;舍内不低于0℃,母鸭仍能正常产蛋。夏天气温不超过30℃时,仍能正常生长发育,它对粗放和集约的饲养方式都能适应。

北京鸭肉质优良,除用作烤鸭原料外,还能分割胴体各部位供应顾客,也可以加工成其他熟制品,如板鸭、盐水鸭、酱鸭、烧鸭等。除此之外,北京鸭因有纯白色的羽毛,屠宰后可利用优质的羽绒再加工成各种羽绒制品。由于饲养北京鸭收益大,因此,北京鸭被广泛引种,分布于亚洲、欧洲、美洲、大洋洲及非洲的部分地区。竞争的结果,北京鸭取代了一些国家原有的鸭种,成为国际性禽肉生产的主要品种之一。北京鸭经过100多年的昌盛繁衍,是标准品种中的佼佼者,被公认为是最优良的肉用鸭种。

二、北京鸭体型外貌及生产性能

(一) 体型外貌

1. **成年鸭体型外貌**　北京鸭体型美观大方,肌肉丰满,体躯匀称、魁梧,后部微上抬。背宽而长,颈中等长,眼大而深凹,虹膜呈青灰色。具有突出而宽的胸部,胸骨长直。两翅不大,依附紧密。尾部钝齐,微向上翘起。羽毛丰满洁白,略带淡黄色,喙和皮肤是橙黄色,胫蹼为橘红色。公鸭体躯较母鸭长,颈较短而粗,尾部有4根卷起的性羽,步态雄健有力。母鸭背较公鸭宽,颈较细,腹部深厚下垂,但不擦地,脚稍短而粗(图1-1)。

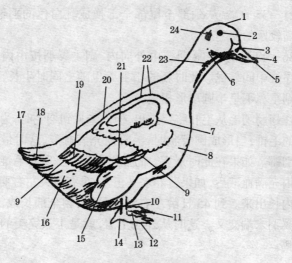

图1-1　北京鸭体表各部位名称

1.头顶　2.眼　3.鼻孔　4.喙　5.嘴豆　6.颜面　7.覆盖羽

8.胸　9.翅　10.跖　11.蹼　12.爪　13.趾　14.跟　15.腿

16.腹　17.公鸭性卷羽　18.尾羽　19.主翼羽

20.腰　21.副翼羽　22.背　23.颈　24.耳

2. 雏鸭与生长鸭的外貌及羽毛的变化　从出壳至21日龄(有的地区为28日龄)的鸭子称为雏鸭。22～49日龄或22～56日龄的鸭子称为生长鸭。北京鸭出壳后,胎毛长度适中,有光泽,呈黄色。因此,北京地区俗称雏鸭为"鸭黄"。5日龄后黄色胎毛颜色逐渐变淡。10日龄后胎毛开始脱落,逐渐变成乳白色的新羽毛。

14～20日龄,由尾部开始从翅膀下及膝部的后侧起,至膝部的前侧,更换为新羽。接着由颈前方向颈侧延伸,与后方至膝部前侧连接,出现排列整齐的条状乳白色羽毛。在19日龄左右可明显见到尾、胸、腹部的羽毛已全部更换成新羽。

21～35日龄,从颈部至尾部全部换成乳白色的羽毛,腹部盖满较厚的羽毛。

36～42日龄,主翼羽按由外向内、副主翼羽按由内向外的顺序往中间靠拢。此时新的小羽毛也随之同时生长,主翼羽和副主翼羽呈半圆扇形相接。

在翅膀羽毛从毛孔将要长出、但尚未见到羽毛时,为白色发扁的毛锥;当形成圆管状时,毛管内充满血液,这时最易发生啄羽癖。如果在此时屠宰,难脱出毛管内出现的毛锥。当毛管内充满血液后,如果营养水平正常,再有4天左右羽毛就从管内长出来。到45日龄左右时,尾羽大翎全部长成,两翅膀主翼羽末端交叉。这时从外貌上看,就是1只完美的成年北京鸭。

（二）生产性能

在目前我国的一般饲养水平情况下,北京鸭21日龄的体重为1～1.1千克;42～49日龄为3.1～3.4千克。活重与耗料比1:2.6～2.8。公鸭150日龄体重为3.6～3.75千克。母鸭开产体重3～3.3千克,开产日龄为150～170天,年产蛋量220～250个,蛋重85～95克,蛋壳为乳白色。

第二章 北京鸭的选育与杂交利用

一、北京鸭的家系选育

为了提高北京鸭的生产性能,保持我国北京鸭品种在世界的领先地位,1973 年成立了北京市北京鸭选育协作组。通过调查研究,制定了北京鸭选育方案,分别在 4 个生产鸭场有计划地开展了选育工作,并纳入北京市科委科研课题。

1981~1984 年,对北京鸭双桥Ⅰ系、Ⅱ系分别通过部级鉴定。1986 年开始对北京鸭南口Ⅲ系、Ⅳ系选育,并被列入农业部重点科研项目,后被纳入"七五"国家科技攻关课题。

(一) 遗传育种的理论依据

本着培育的产品质量要优,生产费用要低的原则,充分利用遗传育种的理论来制定各种选育指标。

1. **生产性能指标** 包括不同日龄的体重、饲料转化率、胸肉率、腿肉率、瘦肉率(胸肉率＋腿肉率)、皮脂率、腹脂率、脂肪率(皮脂率＋腹脂率)和年产蛋量。

2. **可遗传性的选择** 利用可遗传性的高低进行选择。可遗传性高的多利用内因,而可遗传性低的多注意外因,这样可以加速选育的进程。

(1) 体重和增重 可遗传性高,直接选择。

(2) 饲料转化率 可遗传性高,直接选择或间接选择。

(3) 胸肉率与腿肉率 可遗传性中等,预测或通过后裔测定。

(4) **皮脂率与腹脂率** 可遗传性高,预测或间接选择。

(5) **存活率** 可遗传性中等,直接选择。

(6) **受精率与孵化率** 可遗传性低,直接或间接通过杂交选择。

(二) 选育技术

北京鸭的起源和育成都在北京,所以,在北京地区北京鸭基因库是大的。在北京几十个养鸭场中,协作组选择了生产比较稳定的 4 个鸭场,以不同的鸭群作为基础群繁殖后代,再选优秀的个体,组成家系进行繁殖,并做谱系记载。

1. **基础群的选择** 1973 年,在 4 个鸭场中的后备鸭群里,挑选体型外貌合乎标准的公、母鸭。从 2 700 只后备母鸭中选出 279 只,选择强度 10.33%。又从同日龄 770 只公鸭群中选出 56 只公鸭,选择强度 7.27%。母鸭开产后 4~6 个月时,公、母鸭按 1:5 比例组成家系进行繁殖。

2. **选育方法** 纯系繁殖,小群闭锁,避免同胞或半同胞交配。个体选择和家系选择相结合。做好个体记录,并有谱系记载。

(三) 选育的进展

1. **选育第一个阶段(1973~1978 年)** 这段时间是笔者在 4 个鸭场主持选育工作,以下介绍的基本数据是 4 个鸭场的综合结果。

(1) **50 日龄体重测定** 1975~1978 年,共测定 50 日龄鸭子 4 489 只,结果见表 2-1。

表 2-1 北京鸭 50 日龄体重测定情况统计

场 名	一 代		二 代		三 代	
	只 数	平 均体 重（千克）	只 数	平 均体 重（千克）	只 数	平 均体 重（千克）
圆明园	61	1.80	972	1.85	608	1.86
双 桥	79	1.83	76	1.96	127	1.96
前辛庄	176	1.96	1086	1.81	-	-
西 苑	318	1.42	618	1.52	368	1.60
合 计	634	1.66	2752	1.76	1103	1.78

从表中可见,一代鸭 634 只,平均体重 1.66 千克;二代鸭 2 752 只,平均体重 1.76 千克;三代鸭 1 103 只,平均体重 1.78 千克。50 日龄的体重,每代均有所增加。

(2) 产蛋性能测定

① 开产日龄 开产日龄的早晚与产蛋量有密切关系。开产早,产蛋量高;开产晚,产蛋量低。产蛋多,繁殖后代就多。所以,成熟期也是家禽重要的生产指标。北京鸭开产日龄过去一般控制在 180 天,平均开产日龄 200 天以上。如西苑鸭场,第一代选育母鸭 185 只,到 180 天,仅个别鸭子开始产蛋,平均开产日龄 220 天。在第二、第三代选育鸭群中,共测定 878 只,用科学方法来控制开产日龄,平均开产天数 161 天,比旧方式控制开产提前 59 天。据对 180 天以前开产的 711 只鸭统计,平均开产体重 2.95 千克,已达到体成熟体重。又对全群产蛋量进行比较,180 天前开产的 181 只,平均产蛋量 217.03 个;180 天以后开产的 124 只,平均产蛋量 203.13 个。科学控制开产日龄,比旧方式控制开产日龄每只多产蛋 14 个,省料 15 千克。又对 675 只母鸭开产日龄的比例进行

统计,180 日龄以前开产的占 88%。有的鸭场高达 98%。

通过测定,北京鸭科学控制开产日龄一般在 150～170 天。为了防止过早开产,影响生产性能,北京鸭开产日龄定在 150～170 天为宜(即 170 日龄产蛋率达到 50%)。过分地控制晚产,是不经济的。

② 产蛋量 不论是蛋用品种还是肉用品种,产蛋量均是衡量一个品种好坏的重要依据。肉用品种产蛋多,才能大量繁殖后代,产肉量才会增加。影响产蛋量的因素主要有两个,一个是遗传性,另一个是外界因素。开始选育基础群时,从 4 个选育场选出 279 只母鸭,通过 1 年的产蛋统计,平均产蛋量为 250 个,最高个体产蛋 349 个,最低 22 个,个体之间产蛋差异 327 个。可见,北京鸭产蛋量分离现象相当严重,说明选优去劣,把优秀个体的性能在遗传上加以固定的重要性。我们选了 213 只第一代母鸭测定结果,平均产蛋量为 225.37 个,最高的产蛋 310 个,最低产蛋 97 个,相差 213 个,比基础群个体差异缩减了 114 个蛋。第二代母鸭 195 只,平均产蛋 208.4 个,最高的产蛋 301 个,最低的产蛋 99 个,相差 202 个,比第一代个体差异缩减了 11 个蛋。第三代母鸭 65 只(只有双桥鸭场一个场的记录),平均产蛋 255.1 个,最高的产蛋 331 个,最低的产蛋 169 个,相差 162 个,比第二代个体差异又缩减 40 个蛋。

从上述情况看出,3 个世代母鸭产蛋量的差异已经逐代缩小,说明遗传性也逐代稳定下来了。双桥鸭场二代鸭群中的 1 只公鸭有 11 个女儿(三代),平均产蛋 282 个,其中有 4 只产蛋 300 个以上。从平均产蛋量看,一代、二代都没有基础群的母鸭平均产蛋量高,其原因如下。

第一,从几千只大群开产母鸭中选出 200 多只高产母鸭,其中有很大可能有杂交优势在内。从一代开始,根据父母50天体重、产蛋量和个体50天体重选留下来的种鸭,假如没有稳定的遗传性,产蛋量很难固定下来。由此证明家禽产蛋的遗传性比体重的遗传性低。

第二,1973年开始时,基础群雏鸭得到优厚的饲料供应,粗蛋白质占22%~24%。

第三,基础群在育雏期得到精心饲养,舍内、外环境适宜。

③ 蛋重 是家禽重要的经济指标之一。北京鸭之所以著名,除具优秀的肥育性能外,还在于产蛋多,蛋重高。基础群中在母鸭开产后4个月开始,共测定17 132个蛋,平均蛋重91.7克。在第一代、第二代鸭群中,共测定22 491个蛋,平均蛋重91.2克。北京鸭蛋重遗传性很强。4个鸭场中,除西苑鸭场平均蛋重下降3克外,其他3个鸭场都有所提高。遗传性对蛋重起主要作用,但和外界因素也有密切关系。饲养管理得好,蛋重高,大小均匀;饲养管理条件差,蛋重低,大小也不均匀。春季气候适宜,蛋大;夏季温度高,蛋小。选育鸭群一般是在夏季开产,产小蛋的时间较长,因此,对蛋重产生一定影响。

(3) 第一阶段选育工作对生产的促进作用

第一,每年由选育鸭群中输送1 000~2 000只优秀种鸭后代,显著提高了生产种鸭群的生产性能。

第二,通过对选育鸭群的资料分析,摸索出了北京鸭的产蛋规律。即:母鸭第一个产蛋年度产蛋量最高,以后逐年降低。生产上运用这个规律,可以大大节约饲料。为了证实这个规律,我们在两个鸭场进行了测定。一个是双桥鸭场,测定50只母鸭,第一个产蛋年度平均产蛋量250.5个,第二个产蛋年度平均产蛋173.1个,比第一年少产蛋77.4个

（30.9%）。另一个是西苑鸭场,在鸭群第一代中测定 43 只母鸭,第一个产蛋年度平均产蛋 216.4 个,第二个产蛋年度平均产蛋 146.1 个,比第一年少产蛋 70.3 个(32.49%)。

从测定结果可以看出,母鸭第二个产蛋年度,产蛋量要降低 30% 以上。北京郊区养种鸭的传统习惯,一般是每个种鸭群中,1 岁龄、2 岁龄和 3 岁龄的种鸭各占 1/3。经营好的鸭场母鸭平均年产蛋量 180 个,每只母鸭可年生产 80 只填鸭。有的鸭场母鸭平均年产蛋 120 多个,每只母鸭年生产不足 60 只填鸭。而采取种鸭产蛋 1 年以后就淘汰,母鸭平均年产蛋量都在 200 个以上,每只母鸭能年生产 100 只填鸭,比过去多产 20 多只填鸭。

2. **选育第二个阶段**(1979～1984 年)　在这个阶段,北京鸭的选育已纳入农业部科技攻关课题。每个品系都有选育的具体指标。

（1）北京鸭双桥Ⅰ系

① 选育指标

第一,体型外貌及体重、体尺指标。应具备北京鸭典型体型和外貌特征。体重、体尺指标见表 2-2。

表 2-2　180 日龄北京鸭种鸭体重体尺指标

性　别	体　重（千克）	体斜长（厘米）	胸骨长（厘米）	胸　深（厘米）	背　宽（厘米）	蹠　长（厘米）
公	3.25～3.50	28.0～29.0	14.0～14.5	11.5～12.5	9.0～10.0	7.5～8.0
母	2.80～3.25	26.0～28.0	13.0～13.5	10.0～10.5	9.5～10.5	7.0～7.5

第二,生产性能。北京鸭双桥Ⅰ系生产性能见表 2-3。

表 2-3　北京鸭双桥Ⅰ系生产性能

性别	50 日龄体重（千克）	年产蛋量（个/只）	蛋重（克）	蛋形（厘米）	受精率（%）	出雏率（%）	50 日龄成活率（%）
公	1.90	—	—	—	—	—	—
母	1.75	240	90～100	长径 6.5～7 短径 4.5～5	90	85	90

②　选育方法　纯种繁殖,小群闭锁,避免同胞或半同胞交配。通过小群繁殖建 10 个小组群,每个小组群 1 只公鸭,5只母鸭。后改为 20 个小组群,使品系的同质基因得到纯合。

饲养水平、生活环境都和本场生产鸭群相似。随时淘汰不符合本品系特征和有不良性状(杂毛、翻翅)表现的公母鸭。

③　进展情况

一是基础群(即"零"代)。1973 年从 350 只后备鸭群中选择符合本品种体型外貌特征的母鸭 60 只,选出率为 17%。又从相同群的 100 只公鸭中,选出合格公鸭 10 只。个体间亲缘关系不清楚。每只公鸭配 5 只母鸭随机组成一个小组群,为测试出遗传性能好的公鸭作为建系用。采用轮换配种的方法,共 8 批孵出 500 只雏鸭。在测定 25 日龄生长速度时,淘汰体重低于 0.65 千克的个体,淘汰 50 日龄体重低于 1.9 千克的公鸭和低于 1.75 千克的母鸭。在此阶段选择极其严格,淘汰量较大,凡是不符合本品种体貌特征和生产速度慢的都予以淘汰。以后各代情况类似。后经协作组修订,25 日龄时不作生长速度选择,而着重于 50 日龄选择。选育以每年一个世代的速度进展。

二是 50 日龄生长速度。北京鸭双桥Ⅰ系各世代 50 日龄体重见表 2-4。

表 2-4 北京鸭双桥Ⅰ系各世代 50 日龄体重 （单位：千克）

年度	世　代	全　　群		标准差（±）	变异系数（%）	留种群	
		只　数	平均体重			只　数	平均体重
1975	一代					79	1.86
1976	二代					76	1.96
1977	三代					127	1.91
1978	四代	1005	1.65	0.293	17.80	140	1.91
1979	五代	801	1.89	0.273	14.40	111	1.95
1980	六代	740	2.05	0.253	12.30	273	2.12
1981	七代	424	2.38	0.154	6.47	188	2.39

一代、二代、三代都没有把所有后代都称重，只把留种群的个体称重。因此，缺标准差和变异系数。从上表可看到，50日龄平均体重是稳步上升的，标准差和变异系数是逐年缩小的。

三是开产日龄测定。通过 6 个世代开产日龄测定，双桥Ⅰ系的开产日龄为 160～170 天（表 2-5）。

表 2-5 北京鸭双桥Ⅰ系各世代的开产日龄

世　代	只　数	平均开产日龄	标准差
二代	14	161	±13.60
三代	98	162	±11.62
四代	87	163	±12.65
五代	79	170	±17.07
六代	125	168	±10.63
七代	98	158	±11.60

注：上表的开产日龄系指全群母鸭平均开产日龄

四是产蛋性能测定。在测定 50 日龄体重后留下的个体，重新组合新的小组群繁殖，并测定产蛋量，详见表 2-6。

表 2-6　北京鸭双桥Ⅰ系各世代平均年产蛋量

年　度	世代	全　群			标准差（±）	变异系数（%）	留种群		
		只　数		年产蛋量（个/只）			只　数		年产蛋量（个/只）
		公	母				公	母	
1975～1976	一代	4	24	211	56.1	26.6	4	6	284.7
1976～1977	二代	11	49	211.3	47.8	22.6	10	26	243
1977～1978	三代	12	86	247	37.8	15.3	12	30	273.4
1978～1979	四代	18	75	283	31.6	11.2	14	32	284
1979～1980	五代	18	64	281.4	39.7	14.1	12	32	289.5
1980～1981	六代	29	105	296	34.9	11.8	18	65	296

从上表可以看出，从祖代精选后留下来的少数优秀个体，经过闭锁群世代繁殖，建成了这个品系群。实践证明，在北京鸭的选育中，特别是对产蛋量的选择上，零代、一代、二代，均采取个体选择，三代以后实行小组群选择，并结合生长速度决定留种与否。一个重要的问题是，个体选择往往效果较差。如果采用闭锁群选择，根据公鸭的同胞姊妹的产蛋量和母鸭小组群平均产蛋量选择，以后代产蛋量来证明，这种选择仍对产蛋性能起作用，而且这个效果是不断上升的。

双桥Ⅰ系不但产蛋量高，而且蛋重也比较大，零世代平均蛋重 93.2 克，四代的 95.7 克，五代的 94.1 克，六代的 93.6 克。

从以上几代平均蛋重上看，四代至六代与零代差异不大，可见年产蛋量增加而蛋重并没有减少。年产蛋量和蛋重均达到选育指标。

测定一代、二代、三代 3 558 个蛋的蛋形，平均长径 6.86

厘米,短径 4.91 厘米,也达到了选育指标。因为蛋形的遗传性比较稳定,因而其他世代没有再进行测定。

五是受精率、出雏率、50 日龄成活率。北京鸭双桥Ⅰ系的受精率、出雏率与 50 日龄成活率,详见表 2-7。

表 2-7　北京鸭双桥Ⅰ系的受精率、出雏率与 50 日龄成活率

年度	世代	入孵蛋(个)	受精蛋(个)	受精率(%)	出雏数(只)	出雏率(%)	接雏数(只)	50 日龄成活数(只)	50 日龄成活率(%)
1975	一	625	486	77.7	430	88.5	314	–	–
1976	二	3900	3042	78.0	2512	82.6	2500	–	–
1977	三	3944	2873	72.8	2390	83.1	2390	–	–
1978	四	1810	1453	80.7	1182	81.4	1114	1005	90.2
1979	五	1367	1132	82.8	903	79.8	879	801	91.1
1980	六	1431	1125	78.6	820	72.9	774	746	95.6
1981	七	888	649	75.1	503	77.5	469	424	90.4

受精率低的原因:①公母鸭交配有一定的选择性,因此,有的母鸭尽管产蛋多,而却没有 1 个受精蛋;②每年选育繁殖均在冬季,当时种鸭无水洗浴,造成运动量减少,受精率较低。

出雏率没有达到指标,初步分析有以下两个原因:

第一,前四代都是 7 天入孵 1 次,种蛋比较新鲜,孵化管理也较好;但多批孵化,鸭群培育时困难较多,因此由五代开始,留种蛋 14 天才入孵 1 次,种蛋贮存时间过长,影响出雏率。

第二,落盘时由于设备不足,活胎蛋拥挤,也影响出雏率。另外,孵化人员变动大,操作技术水平较低。

六是北京鸭双桥Ⅰ系第七代 150 日龄体尺、开产体重及

公鸭体重。北京鸭双桥 I 系第七代 150 日龄体尺见表 2-8。
公鸭 150 日龄体重及母鸭开产体重,详见表 2-9。

表 2-8　北京鸭双桥 I 系第七代 150 日龄体尺　（单位:厘米）

性别	只数	体斜长	胸　深	背　宽	胸骨长	蹠　长
公	5	29.3±0.27	10.0±0.61	11.2±0.57	15.1±0.22	7.8±0.27
母	5	28.4±0.55	10.5±0.51	12.2±0.57	13.7±0.57	7.5±0.35

注：从 178 只鸭中随机取出 5 只公鸭,5 只母鸭

表 2-9　北京鸭双桥 I 系第七代公鸭 150 日龄体重
及母鸭开产体重　（单位:千克）

项　　目	四　代		五　代		六　代		七　代	
	只数	平均重	只数	平均重	只数	平均重	只数	平均重
公　鸭	16	2.89	9	2.80	22	2.80	58	2.84
母　鸭	74	2.87	85	2.79	86	3.01	96	3.10

　　通过几代的观察,公鸭 120 日龄均达到性成熟,有交配的
要求,采食量减少,造成体重低,但体尺均已达到选育指标。
　　七是杂毛、翻翅出现率。通过几年的选育,杂毛、翻翅出
现率逐代减少。对出现杂毛、翻翅的小组群全部淘汰,促使不
良性状出现率下降,同时提高了有利基因纯合(表 2-10)。

表 2-10　杂毛、翻翅出现率

世　代	检验只数	杂　毛		翻　翅	
		只　数	（%）	只　数	（%）
五　代	578	6	1.58	44	8.49
六　代	740	6	0.81	30	4.05
七　代	424	3	0.7	4	0.94

北京鸭的祖先是有色毛的野鸭,所以有时会出现杂毛。翻翅是基因缺欠造成的,这个基因在一般条件下是隐性基因,而在育雏后期遇到高温就会出现翻翅。一般在炎热的夏季出现得多,而在冬季几乎没有。为此,将选育的鸭改为6～7月份称49日龄体重,留作种用繁殖后代。

(2) 北京鸭双桥Ⅱ系

① 选育方法

其一,建立基础群。双桥Ⅱ系原是前辛庄鸭场的选育群。前辛庄鸭场的选育群零世代是1975年在前辛庄鸭场后备鸭群开产前夕,通过体型外貌鉴定,从200只公鸭中选出17只公鸭,1 000只母鸭中选出80只优良个体组成基础群。双桥鸭场于1979年引入该选育群的第三世代公鸭12只、母鸭33只,进行继代选育。

其二,选配方法。小群闭锁繁育。开始每代保留10个小组群,每个小组群1只公鸭,5只母鸭。以后扩大为20个小组群。为防止近交系数急剧上升,尽量避免了全同胞、半同胞交配。

其三,继代个体的选留。更新用的后备鸭都是从基础群后代中选留的。因为Ⅱ系是用做父系,所以着重选择以50日龄体重(第四世代起改为49日龄)为指标的早期增重速度。又因为北京鸭50日龄体重遗传力较高(0.31～0.51),所以,主要选留本身50日龄重高的鸭为继代个体。选留的继代个体都符合本品种外貌特征,严格淘汰杂毛、翻翅及近交个体。

② Ⅱ系选育进展情况

第一,各世代49日龄体重测定。各世代49日龄体重测定见表2-11。

表2-11 各世代49日龄体重测定统计 (单位:千克)

年度	世代	公与母				公				母			
		只数	平均重	标准差(±)	变异系数(%)	只数	平均重	标准差(±)	变异系数(%)	只数	平均重	标准差(±)	变异系数(%)
1977	一	176	1.825	—	—	—	—	—	—	—	—	—	—
1978	二	1086	1.810	—	—	—	—	—	—	—	—	—	—
1979	三	1920	2.40	0.180	7.8	947	2.505	0.174	6.9	973	2.310	0.205	8.9
1980	四	488	2.070	0.274	13.2	235	2.080	0.292	14.0	253	2.040	0.241	11.8
1981	五	402	2.43	0.184	7.6	204	2.505	0.191	7.7	198	2.365	0.157	6.6
1982	六	985	2.58	0.226	8.76	498	2.64	0.285	10.8	487	2.511	0.190	7.7
1983	七	904	2.638	0.189	7.2	441	2.745	0.175	6.4	466	2.545	0.168	6.6
1984	八	760	2.677	0.197	7.36	376	2.794	0.195	7.0	384	2.590	0.180	6.9

注:第一代、第二代的原始数据不全;第一代、第二代和第三代是50日龄体重

从表中可以看出,经过八代的选择,49 日龄体重由一世代 1.825 千克,提高到 2.677 千克,提高了 46.68%。

日龄相同,公鸭一般较母鸭大 0.04～0.2 千克。母鸭标准差和变异系数一般都较公鸭小。

第二,产蛋性能测定。在测定了 49 日龄体重后留下的个体组成继代群,测定 365 天(从产第一个蛋起在 365 天内所产的蛋)个体产蛋量(表 2-12)。

表 2-12 各世代产蛋性能测定统计 (单位:个)

年　度	世代	按全部产满 365 天		标准差（±）	变异系数%	按入舍只数	
		只数	平均产蛋量			只数	平均产蛋量
1977～1978	一	101	225	－	－	－	－
1978～1979	二	206	261.3	－	－	－	－
1979～1980	三	26	285.9	30.83	10.8	29	266.43
1980～1981	四	97	280.87	37.66	13.4	123	247.25
1981～1982	五	49	283.12	50.27	17.75	67*	239.19
1982～1983	六	72	291.67	40.01	13.7	95	262.59
1983～1984	七	187	297.56	44.05	14.80	211	264.35

注：五代开产后 3 个月,由于饲料中毒伤亡 17 只,造成饲养日和入舍母鸭产蛋量偏低

3. 选育第三个阶段(1985～1990 年) 北京鸭南口Ⅲ系、南口Ⅳ系选育及配套系建立。

1981～1984 年,北京鸭双桥Ⅰ系、双桥Ⅱ系,分别通过农业部鉴定。与此同时,也着手进行了北京鸭Ⅲ系、北京鸭Ⅳ系

选育的准备工作。

根据鸭的早期体重、增重和可遗传性高,故从早期增重基础水平较高的群体来选择增重快的品系。

1986年开始对北京鸭Ⅲ系、Ⅳ系进行选育。这个课题被列为农业部重点科研项目,后被纳入"七五"国家科技攻关课题。选育基地安排在北京市农场局南口农场种鸭场。因此,北京鸭Ⅲ系、Ⅳ系被定名为"北京鸭南口Ⅲ系(预选中的大型母系)"和"北京鸭南口Ⅳ系(预选中的父系)"。同时将北京鸭双桥Ⅰ系和双桥Ⅱ系各拿一部分(纯系)放到南口农场种鸭场,继续进行继代选育,并参与配合力测定。经过"七五"期间的工作,4个品系的选育及杂交配套生产商品肉鸭的成绩均超过了设计指标,完成了课题任务。

(1) 品系来源

① 中型父系　北京鸭双桥Ⅱ系(下称Ⅱ系),来源于双桥农场种鸭场,1984年通过部级鉴定。纯系北京鸭。1986年引入南口农场种鸭场。

② 中型母系　北京鸭双桥Ⅰ系(下称Ⅰ系),来源于双桥农场种鸭场,1981年通过部级鉴定。纯系北京鸭。1986年引入南口农场种鸭场。

③ 大型母系　北京鸭南口Ⅲ系(下称Ⅲ系),来源于卢沟桥农场莲花池鸭场纯北京鸭。在49日龄的6 895只鸭子中挑选出19只公鸭与68只母鸭。公鸭平均体重3.23千克,选留率0.55%;母鸭平均体重2.87千克,选留率1.97%。组成零世代鸭群。

④ 大型父系　北京鸭南口Ⅳ系(下称Ⅳ系),来源于南郊农场金星鸭场,系双桥系北京鸭与樱桃谷鸭混群交配的后代。1985年9月引入公鸭100只、母鸭600只。1986年7~10月

份,在其后代中选出体重大的公鸭 100 只、母鸭 500 只。然后再根据体型外貌挑选公鸭 75 只、母鸭 252 只,组成小组群,通过轮换交配测定公鸭,从中选出 7 只公鸭,选留率 9%;99 只母鸭,选留率 39%,组成零世代鸭群。

(2)选育方法 在性状的选择上,重点放在两个方面:一是产肉量的选择,即早期增重速度和饲料报酬两项指标;二是肉质的选择,即胴体胸肉率。此外,还注意了对繁殖力、体型外貌等性能进行选择。

选育时采用闭锁群家系选择和个体表型选择相结合的选育方法。Ⅲ系、Ⅳ系选育的具体步骤如下。

第一,将公母鸭按 1 只公鸭 5 只母鸭组成家系,组建时避免同胞、半同胞交配。Ⅲ系、Ⅳ系各组建 50 ~ 60 个家系。公鸭选留率 5% ~ 10%,母鸭选留率 20% ~ 30%。

第二,家系繁殖的后代,做好标记,混群饲养,等待选择。

第三,49 日龄称重前进行第一次外貌表型选择,有明显外貌缺陷的,如杂毛、翻翅等个体,根据标记找出其所在家系全同胞和半同胞的号码,淘汰该鸭和全同胞母鸭及本家系的所有公鸭,只留半同胞母鸭。如发现 1 个家系 2 只以上母鸭的后代中出现有外貌缺陷的个体,则将此家系全部淘汰。

第四,49 日龄进行个体称重,选留公母鸭。公鸭选留高于平均体重 300 克以上的个体,母鸭留平均体重以上的个体。

第五,120 日龄进行体尺测量,测胸宽、龙骨长、背宽等几项指标,结合视觉经验,选留胸肌发育好、瘦肉率高的鸭。由于条件所限,对瘦肉率指标的选择尚未采取更好、更先进的方法。

Ⅰ系、Ⅱ系是计划中多系配套的母本品系,侧重于繁殖力的选择。"六五"期间鉴定时,其繁殖指标皆已超过本课题的设计要求。因此,Ⅰ系、Ⅱ系在南口种鸭场的继代选育目标主要是稳固其遗传性能。在组建家系时,每世代只有40个家系。

(3) 选育结果 Ⅲ系在"七五"期间完成了5个世代的继代选育,经济性状产生了明显的变化,呈上升趋势。饲料利用率逐步提高,胴体质量性状稳定。Ⅳ系在"七五"期间完成了6个世代的选育,早期增重速度、饲料利用率,随着世代的增加逐步提高,屠体性状提高后趋于稳定,体型外貌一致(表2-13)。

Ⅰ系的世代进展由十一世代进到十五世代,Ⅱ系由九世代进到十三世代。虽在选择时未把早期增重速度当作重点选择,但选育结果证明,Ⅰ系、Ⅱ系49日龄活重也有较明显增加趋势。Ⅰ系、Ⅱ系的高繁殖性能稳定(表2-14)。

表2-13、表2-14中所列各世代测定时间,既有春秋季气候适宜季节,也有夏冬季气候不适宜季节。由于南口种鸭场所有鸭舍皆为开放式,除雏鸭阶段(0~21日龄)人工创造小气候外,其他饲养阶段均直接受大气候影响。因此,从表中可看出明显季节差异。

在继代选育过程中各类鸭饲料的主要营养水平为:1~14日龄,代谢能13.05兆焦/千克,粗蛋白质22.05%;15~35日龄,代谢能12.9兆焦/千克,粗蛋白质19.58%;36~49日龄,代谢能12.65兆焦/千克,粗蛋白质17.1%。种鸭,代谢能11.51~11.76兆焦/千克,粗蛋白质16%~19%。

广州市畜牧总公司,为了进一步了解北京鸭与樱桃谷鸭两个优良品种肉鸭在相同的饲养环境条件下的表现,以及能否以北京鸭取代樱桃谷鸭。

1990年11月2日至1991年1月1日,分别在白云区畜牧良种试验场和花都区(原花县)畜禽良种繁育试验场,同时进行北京鸭与樱桃谷商品代鸭对比试验。北京鸭Ⅲ系×Ⅳ系商品代鸭苗是由北京市农场局南口农场购进。樱桃谷超M型商品代鸭苗是由广州市华穗种鸭场购进。

两品种商品代鸭苗各400只(共800只),分别放于白云区畜牧良种试验场和花都区畜禽良种繁育试验场。各场饲养北京鸭和樱桃谷鸭商品代鸭苗各200只(每点合共养400只)。采取同日龄、同饲料和相同的饲养管理,饲养全期为8周。

两场均采用穗屏饲料厂生产的颗粒料,其中0~3周(0~21天)用501小鸭料,4~8周(22~56天)用532肉鸭料。试验结果如下。

第一,生长发育。通过本次两品种商品代的饲养试验观察,北京鸭Ⅲ系×Ⅳ系商品代生长速度达到樱桃谷鸭超M型商品代的生长水平,且中期长速比较快,虽然两试验场地条件不尽相同,但得出的结果基本是一致的,最终结果是北京鸭增重大。

第二,生活力。两品种鸭8周龄的成活率都在97.73%以上,说明生活力适应性及抗病力都较强。根据佛山兽专等单位的试验,在夏季的成活率也在97%以上。所以,认为两品种完全适应广州地区的气候条件。但从结果看,樱桃谷鸭成活率比北京鸭稍高1%,这可能是在前期北京鸭经长途运输,产生应激影响有关。

第三,饲料报酬。两品种基本一致,经生物统计测定无差异。

第四,经济效益。从肉鸭的销售价看两品种鸭售出价是相同的。但是,由于北京鸭种苗成本低,经济效益比樱桃谷鸭好。

表2-13　Ⅲ系、Ⅳ系世代选育情况　（单位：只，千克，%，个）

系别	时间	世代	接雏数	成活率	活重		活重比料	屠体性状				母鸭40周产蛋数
					平均体重	变异系数		胸肉率	腿肉率	皮脂率	腹脂率	
Ⅲ系49日龄情况	1987.9	一	1009	92.86	2.764±0.260	9.41	—	—	—	—	—	176
	1988.6	二	1239	97.00	2.780±0.260	9.35	—	—	—	—	—	—
	1989.2	二	100	98.00	2.854±0.256	8.97	1:3.154	15.33	16.67	29.73	2.46	187
	1989.4	三	1501	92.70	3.020±0.324	10.73	1:2.630	—	—	—	—	—
	1989.10	三	100	95.00	3.165±0.286	9.04	1:2.830*	—	—	—	—	193
	1989.11	四	100	96.00	3.312±0.320	9.66	1:3.050*	15.22	13.66	30.35	2.80	—
	1989.12	四	1051	93.20	3.360±0.308	9.17	1:2.960	—	—	—	—	—
	1990.5	四	100	96.00	3.423±0.395	11.54	1:2.750*	14.62	13.33	33.12	2.85	—
	1990.5	四	100	98.00	3.244±0.382	11.78	1:2.960	—	—	—	—	—

续表 2-13

| 系别 | 时间 | 世代 | 接雏数 | 成活率 | 活重 | | 活料重比 | 屠体性状 | | | | 母鸭40周产蛋数 |
					平均体重	变异系数		胸肉率	腿肉率	皮脂率	腹脂率	
Ⅲ型	1990.7	五	1099	93.63	3.050±0.312	10.22	1:2.810*	–	–	–	–	–
	1990.11	五	100	100.00	3.421±0.263	7.69	1:2.910	14.74	14.89	30.43	2.55	–
Ⅳ系49日龄情况	1986.8	一	955	89.53	2.825±0.365	12.92	–	–	–	–	–	–
	1987.8	二	1560	91.99	2.760±0.258	9.35	–	–	–	–	–	–
	1987.11	二	104	98.08	2.985±0.311	10.42	1:2.710	12.94	15.52	27.81	2.48	191
	1988.5	三	1259	90.00	3.093±0.329	10.64	–	–	–	–	–	–
	1988.12	三	100	55.00	3.300±0.238	7.21	1:2.811	14.64	13.28	31.30	3.05	196
	1989.2	四	100	99.00	2.815±0.276	9.80	1:3.221	14.53	15.67	30.98	3.05	–
	1989.3	四	1758	87.32	3.022±0.384	12.71	1:2.940	–	–	–	–	193

续表 2-13

| 系别 | 时间 | 世代 | 接雏数 | 成活率 | 活重 | | 活重比料 | 屠体性状 | | | | 母鸭40周产蛋数 |
					平均体重	变异系数		胸肉率	腿肉率	皮脂率	腹脂率	
IV系49日龄情况	1989.10	五	52	94.2	3.046±0.327	10.74	1:2.730*	14.90	14.30	29.6	2.54	—
	1989.11	五	100	99.00	3.328±0.289	8.68	1:2.860*	—	—	—	—	—
	1990.1	五	1633	90.32	3.272±0.306	9.35	1:2.930	—	—	—	—	—
	1990.5	五	100	96.00	3.529±0.318	9.01	1:2.760*	14.45	13.00	31.80	2.68	—
	1990.5	五	100	93.00	3.407±0.381	11.18	1:3.010	—	—	—	—	—
	1990.8	六	2219	88.33	3.088±0.301	9.73	1:2.865	—	—	—	—	—
	1990.11	六	100	98.00	3.429±0.343	10.00	1:2.91	15.21	14.96	29.79	2.31	—

* 为饲喂颗粒料，其他为饲喂粉料

表2-14　Ⅰ系、Ⅱ系世代进展情况　(单位：只、千克、%个)

系别	时间	世代	接雏数	成活率	活重		活重料比	母鸭40周产蛋数
					平均体重	差异系数		
Ⅰ系49日龄情况	1986.8	十一	1346	89.45	2.27±0.215	9.47	-	-
	1987.6	十二	1581	92.28	2.421±0.213	8.78	-	232
	1987.11	十二	103	100.00	2.609±0.312	11.96	1:2.95	-
	1988.4	十三	1484	91.78	2.535±0.210	8.28	-	229
	1988.12	十三	70	85.71	2.88±0.316	10.97	1:3.23	-
	1989.2	十四	100	99.00	2.746±0.289	10.53	1:3.07	-
	1989.4	十四	692	91.47	2.640±0.225	8.52	1:2.76	234
	1989.10	十四	67	95.50	2.387±0.235	9.84	1:2.77	-
	1989.11	十四	100	97.00	2.704±0.325	12.02	1:2.88	-
	1990.4	十五	506	96.64	2.940±0.345	11.73	1:2.98	-
	1990.5	十五	100	96.00	2.889±0.349	12.08	1:2.72*	-
	1990.5	十五	100	95.00	2.880±0.337	11.70	1:2.93	-

续表 2-14

系别	时间	世代	接雏数	成活率	活重 平均体重	活重 变异系数	料重比	母鸭40周产蛋数
II系49日龄情况	1986.8	九	588	94.99	2.302±0.210	9.12	—	—
	1987.6	十	1887	91.50	2.503±0.265	10.59	—	—
	1987.11	十	100	95.00	2.470±0.266	10.77	1:3.04	—
	1988.4	十一	1358	94.55	2.637±0.331	12.55	—	191
	1988.12	十一	69	89.86	2.909±0.314	10.79	1:3.23	—
	1989.5	十二	989	90.80	2.636±0.250	9.48	1:2.76	211
	1989.2	十二	100	98.00	2.782±0.301	10.82	1:3.20	—
	1989.10	十三	52	94.23	2.720±0.326	11.98	1:2.80*	—
	1989.11	十三	100	98.00	2.741±0.314	11.46	1:3.06*	—
	1990.5	十三	100	96.00	2.884±0.310	10.75	1:2.84*	—
	1990.5	十三	100	98.00	2.904±0.261	8.99	1:2.97	—
	1990.3	十三	898	95.77	2.800±0.255	9.11	1:3.20	223
	1990.11	十三	100	99.00	3.100±0.248	8.00	1:2.82	—

* 为饲喂颗粒料，其他为饲喂粉料

（四）北京鸭新品系鉴定

由 1973～1991 年近 20 年的北京鸭选育，终于选育成 4 个专门化的品系，分别在 1981 年、1984 年和 1991 年经过农业部鉴定。分别获得国家、农业部、北京市的科技进步奖。

二、北京鸭群体选育

从北京鸭形成史就可知道，北京鸭是经过劳动人民几百年从群体中选优去劣而育成的世界著名肉鸭良种。到 20 世纪 60 年代，西方国家在北京鸭选育上，不但用群体选育，而且进一步用了家系选育，加速了选育进程。对这个问题，笔者着重谈一下北京鸭群体选育的成果。21 世纪初，北京市出现了一个年产 400 万只北京鸭的乡镇企业——北京市顺义区前鲁鸭场。这个鸭场已有 20 多年的历史，自 20 世纪 90 年代以来，一直保持着北京养鸭的领先地位。这个企业就是采取北京鸭群体选育进行生产。自 20 世纪 70 年代末年产几千只北京填鸭，进入 21 世纪，每年生产 400 万只北京鸭，成为北京市出口北京鸭的首户。

北京前鲁鸭场北京鸭种鸭群体选育大致可分为两个阶段。

1975～1989 年为第一个阶段。每年留种鸭 0.03 万～3 万只。当时是计划经济，市里给多少任务，就留多少种鸭。每年留 1～2 批雏鸭，到中鸭除了有缺陷的母鸭淘汰外，其余的都留作种鸭用。公鸭与母鸭的比例为 1：5。公鸭选育比较严格，要体重大，体型外貌合乎北京鸭标准。

1990～2002 年为第二个阶段。这个鸭场有 3 万只母鸭的种群,每2天孵化出一批近4万只雏鸭。从多批30～35日龄填鸭之前的中鸭中选留合乎北京鸭体型外貌特征、体重大的公、母鸭留种。公鸭1 000只、母鸭5 000只作为基础群,作为下年留种的父母代,以后就由这个种群繁衍后代。1996年4月,中国农业大学动物科学技术学院组织了《北京鸭与英国樱桃谷北京鸭生产性能观察、饲养试验》。前鲁鸭场送去的经过4个世代群体选育的种蛋1 044个进行试验。现将参加试验单位的可比项目数据列表2-15。

这次试验在生产中起绝定作用的生产指标,共有17项进行比较(表2-16)。每项共分为一等、二等、三等、四等4个等级。综上所述,一等、二等的,英国樱桃谷农场,8(一等)+2(二等)=10,前鲁鸭场,5(一等)+8(二等)=13,超过英国的3项。三等数量,前鲁鸭场与英国樱桃谷农场的相等。四等的前鲁鸭场没有,而英国的却有3个。

前鲁鸭场再和英国与四川绵阳合资的鸭场比较一下。一等、二等的,前鲁鸭场是5+8=13,绵英合资鸭场是4+6=10,还是超过3项。三等的,前鲁鸭场4个,绵英合资鸭场2个。四等的,前鲁鸭场没有,而绵英合资鸭场有5个。

表2-15　17个可比项目试验数据　（单位：%，克）

参试单位	受精率	名次	孵化率	名次	健雏率	名次	6周成活率	名次	6周体重	名次	6周耗料比	名次	7周成活率	名次	7周体重	名次	7周耗料比	名次
英国樱桃谷农场	88.7	4	81.5	3	97.9	1	91.4	4	3303.2	1	2.163	1	91.4	4	3622.2	1	2.495	1
北京市农场局南口鸭场	90.4	3	73.8	4	90.5	3	94.0	3	3218.3	2	2.475	2	93.7	3	3410.4	2	2.834	3
北京市顺义前鲁鸭场	96.2	1	84.8	1	92.0	2	96.8	2	2985.0	3	2.210	3	96.7	2	3207.7	3	2.532	2
四川绵阳绵英合资公司	93.1	2	82.7	2	85.7	4	97.7	1	2981.6	4	2.496	4	97.7	1	3174.8	4	2.974	4

续表 2-15

参试单位	6周胸肉率	名次	6周腿肉率	名次	6周瘦肉率	名次	6周皮脂率	名次	7周胸肉率	名次	7周腿肉率	名次	7周瘦肉率	名次	7周皮脂率	名次
英国樱桃谷农场	11.3	2	14.8	3	26.1	3	28.1	1	15.1	3	15.0	1	30.2	2	28.00	1
北京市农场局南口鸭场	10.8	4	14.1	4	25.2	4	34.1	4	14.4	4	13.1	4	27.5	3	34.0	4
北京市顺义前鲁鸭场	10.9	3	15.4	1	26.2	1	31.8	2	15.7	1	14.6	3	30.3	1	30.4	2
四川绵阳绵英合资公司	11.8	1	15.3	2	27.1	2	32.0	3	15.4	2	14.8	2	30.2	2	30.6	3

表 2-16 参试单位北京鸭 17 个可比项目等级统计 （单位：个，%）

单 位	一等	同组比 不同组比		二等	同组比 不同组比		三等	同组比 不同组比		四等	同组比 不同组比	
英国樱桃谷农场	8	47.06	47.06	2	11.76	11.11	4	23.53	23.53	3	17.65	18.75
北京市农场局南口鸭场	—	—	—	2	11.76	11.11	7	41.18	41.18	8	47.06	50.00
北京市顺义前鲁鸭场	5	29.41	29.41	8	47.06	44.44	4	23.53	23.53	—	—	—
四川绵阳绵英合资公司	4	23.53	23.53	6	35.29	33.33	2	11.76	11.76	5	29.41	31.25
合 计	17	100		18	100		17	100		16	100	

北京市顺义区前鲁鸭场坚持从本场的种鸭群中筛选优良种鸭留种，经过 5 年选育，其商品鸭主要指标赶上或已经超过英国的鸭子和英国与四川绵阳合资鸭场的鸭子。前鲁鸭场的鸭子，一等、二等的占自己群的 76.47%，而三等的是 23.53%，四等的没有出现。但也有不足之处。例如，前鲁鸭场的鸭子在 6～7 周龄时体重比英国的低，而皮脂率比英国的鸭子高。因此，英国鸭子一等的总数超过前鲁鸭场 3 项。

前鲁鸭场开始运用群体 30～35 日龄多批选择，这样使原始基础群内集中了较多的早期增重优良基因，为以后选育打下良好的基础。从 1990～1999 年经过 7 个世代闭锁群的大群选育，前鲁鸭场的商品鸭产品在新的世纪开始，闯出国门，进入了国际市场。为北京市的北京鸭在国际市场上增添了声誉。

（一）选育目标

要根据市场的需要来确定。

第一，市场上需求体重大的肉鸭，要积极利用北京鸭早期增重快的遗传基因，在 30～35 日龄进行选择。在选择基础群中选择差一定要大。选择差等于选出的个体平均体重数减去群体个体平均体重数之差（选择差＝选出个体平均体重－群体个体平均体重）。这个数相差越大，后代增重速度越快。

第二，市场上需求中等体重的肉鸭，就要选择产蛋多的鸭群。将选出来的个体群，一是和大体重型群进行杂交，二是自群繁殖。

（二）选择方法

母鸭开产后 6 个月选留后代留作基础群。经过多年的实践，北京鸭的低产母鸭产蛋后 6 个月就陆续换羽停产。这时选留的后代基本是高产母鸭后代。

群体选育，一是可以降低鸭场成本，增加收入，如果每只种雏鸭 10～15 元，年饲养量为 1 万只种鸭的鸭场，每年至少可以增加 10 万～15 万元的收入；二是鸭群已适应本场的生活环境，生命力强也防止外购种鸭引起疾病交叉感染。

三、北京鸭的杂交利用

（一）北京鸭的前景

在西方社会,鸭肉仍将是昂贵的、奢侈的禽肉,其消费量近期不会显著增加。若养鸭业有进一步扩大,肯定是在亚洲那些居住着传统鸭肉消费居民的地区。随着这一地区的进一步繁荣,传统而粗放的养鸭方式将被淘汰,进而要求改善鸭的基因型,即降低胴体脂肪,增加瘦肉产量。我们现有的北京鸭几个品系已经具备这些条件。由于许多西方国家鸭的生产成本很高,不可能有多大机会向亚洲输出鸭肉。中国比西方有实力占领这个就近的市场。近几年,在亚洲的日本、韩国比其他国家人民生活水平都高,食物结构近于科学化。中国的北京鸭对这两个国家出口量最大。对俄罗斯、德国等都有一定的出口量。

在亚洲,至 2025 年,猪和禽类的预计增长数量是惊人的,预计将增加 300%。该预报是根据经济平稳发展作出来的。在东南亚鸭的数量,预计增加 400% 以上。由于鸭利用农副产品的能力较强,使其在获得更多饲料供应方面较其他禽类处于更为优越的地位。我国黑龙江、吉林和新疆都是产粮大省(自治区),尤其是饲料粮如玉米、豆饼、棉仁饼,比其他省市产量都多,这3个省是今后发展肉鸭的好基地,无疑中国是主要鸭肉生产国。国外报道,1995年中国生产了153万吨鸭肉,占世界鸭肉产量的68%。在集约化条件下鸭肉生产成本将明显降低。实践证明,经多次试验,北京鸭成绩是显著的,胴体性状特别是胸肉产量和生长速率的遗传改进是很明显的。虽然生产成本,鸭肉较鸡肉稍高,但鸭肉具有特别的优点。鸭肉很少有药物的残留,鸭肉比鸡肉胆固醇低46.25%,填鸭肉比鸡肉低15.58%。鸭脂肪主要含不饱和脂肪酸,近似于橄榄油,有保护心血管系统作用。鸭肉还是修复基因(DAN)含量较高的食品之一。再加上鸭肉的独特风味以及中国和西方烹调的多样性,将保证鸭肉生产继续增长。应更加注意鸭肉加工,以便生产系列产品,特别是半成品和便于利用微波烹调的产品,这将是中国和其他许多国家养鸭业的主要发展趋势之一。

在国内市场,南方鸭肉比北方销售量大。上海青浦县1年生产肉鸭几千万只。江苏省南京市1年销售5 000万只肉鸭。台湾省1年生产肉鸭4 000万只,平均1年每人2只肉鸭,肉鸭产值38亿台币,占农产品单项产值第十位;另外,每年鸭的羽绒出口产值高达40亿台币,占初级农产品外销第三位。我国养鸭生产主要在农村,销售市场也不能忘掉农村这块大天地。农村在年节再加上平时喜庆之余都需要鸭子。南方有这样的说法"无鸭不成席"。由此可见,鸭肉在日常生活中的重要性。发展北京鸭的前景是远大的。

(二) 种间杂交利用

北京鸭在种间杂交中起着重要作用。如果是以二元杂交北京鸭做母系,番鸭做父系。如果是三元杂交,当地蛋鸭做母系,北京鸭做第一父系,番鸭做第二父系。还有的地区将与北京鸭杂交一代母鸭与北京鸭公鸭回交生产的后代母鸭,再和番鸭公鸭杂交生产半番鸭。

番鸭也叫洋鸭、变鸭,原产于南美洲。番鸭也是优良的肉用型鸭。体型肥大,生长迅速但较北京鸭慢,肉质细嫩,味道鲜美。在我国南方,它是强壮身体的珍品。将番鸭的公鸭与麻鸭或北京鸭的母鸭交配产生无生殖能力的半番鸭,也叫骡鸭。骡鸭体格健壮,适于放牧,增重快,饲养成本低,专供肉用,其肉味与番鸭近似。

多数用当地的蛋鸭品种中的母鸭与番鸭公鸭杂交生产半番鸭,一般 70 天体重为 2.2 千克,活重与耗料比 1:3.8。20 世纪 80 年代,台湾省利用新培育的白羽蛋鸭为母本,以北京鸭公鸭为第一父本,以番鸭公鸭为第二父本,生产三元杂交的半番鸭,70 日龄体重 2.7 千克,活重与耗料比 1:3.3(表 2-17)。三元杂交的半番鸭除体重大、耗料比二元杂交的半番鸭占优势外,还有白色羽毛出现率很高,这样使屠体的腹部及背部就没有残留黑色针羽孔,使屠体外观得到了很好的改善,价格相应就高。

表 2-17 三元杂交半番鸭的生产性能

项　　目	1 周龄	2 周龄	4 周龄	6 周龄	8 周龄	10 周龄
体重(克)	122	323	985	1689	2324	2755
重料比	1:0.95	1:1.40	1:1.91	1:2.42	1:2.83	1:3.23

半番鸭比番鸭生长快,瘦肉多,肉质鲜美,近似番鸭,深受人们欢迎。台湾省每年销售 3 500 万只。半番鸭除做肉鸭出售之外,生长到 80～90 日龄时,还可填饲生产肥肝。北京前

鲁鸭场，以北京鸭为母本，以番鸭为父本生产半番鸭，经填饲后，肥肝重一般都在 400 克以上。每千克出售价 240 元。

半番鸭肉质好，瘦肉率一般比北京鸭高 10％左右，肥肝性能高，是现代肉鸭及肥肝生产的重要鸭种，也是今后国际市场禽肉的主打产品。

第三章　北京鸭的孵化

鸭是卵生动物,其胚胎发育主要是在母鸭体外通过孵化完成的。

一、鸭蛋的构造

鸭蛋是由蛋壳、蛋白和蛋黄三部分组成的。

(一) 蛋　壳

鸭蛋的蛋壳占整个鸭蛋重量的 11%～13%。它由壳上膜、石灰质蛋壳、壳膜和气室组成。蛋壳的主要成分是碳酸钙(94.43%),另外还有碳酸镁(0.50%)、磷酸钙和磷酸镁(0.84%)等无机物和少量的有机物(4.23%)。北京鸭鸭蛋的蛋壳厚为 0.41～0.42 毫米。蛋壳的主要功能是保护蛋白和蛋黄。

蛋壳有两层,外层是海绵层,能起防震作用;内层是乳头状突起层,可使蛋具有一定的耐压性。蛋的纵轴(即竖放)耐压较强,横轴(即平放)的耐压力较弱。北京鸭鸭蛋的强度为 4.67～4.72。

蛋壳的表面覆盖一层透明的胶质薄膜,称为壳上膜,又叫外蛋壳膜。有了这层胶质薄膜,细菌、真菌就不易侵入蛋内破坏蛋的组织,蛋内的水分和二氧化碳也不易蒸发。但是,这层薄膜遇到高温、潮湿或存放时间过长就会脱落。所以,壳上膜在一定条件下和一定时间内能够保护鲜蛋不致变质。另外，这层膜是一种可溶性的胶质，遇水就会溶解消失，又叫它水溶性胶质薄膜。所以，种蛋不能用水洗，洗了就不易保存。

蛋壳表面有很多大小不一的小气孔，大的直径为 40 微米，小的只有 4 微米。这些气孔主要起着气体代谢的作用。

蛋壳里面靠近蛋白部分有一层白色网状半透明的薄膜，叫作壳膜。壳膜分内外两层，外层紧贴蛋壳内壁，叫蛋壳膜（或叫壳内膜）；内层紧靠蛋白，叫蛋白膜。这两层薄膜上都有气孔，内蛋壳膜上的气孔比蛋白膜上的大，直径可达 28 微米。细菌只能透过内蛋壳膜，不能通过蛋白膜；只有在蛋白中的酶将蛋白膜破坏以后，才能进入蛋内。所以，蛋白膜有防御细菌侵入的功能。

在蛋的大头，蛋白膜与内蛋壳膜之间有一个空囊，叫作气室（又叫空头）。刚产下的蛋是没有气室的，当蛋慢慢冷却后，由于蛋黄、蛋白逐渐收缩的原因，蛋外的空气便从内蛋壳膜上的气孔进入蛋内，就在内蛋壳膜与蛋白膜之间形成一个气室，气室内充满空气。受精蛋在孵化初期，气室能供给胚胎发育所需要的氧气。新鲜蛋的气室很小，随着时间的延长，蛋内水分散失，气室就逐渐增大，蛋的重量也随之减轻。所以，气室大小也是检验鲜蛋新鲜程度的重要标志之一。

（二）蛋　白

鸭蛋的蛋白约占整个鸭蛋重量的 45%～58%。蛋白是一种透明的粘稠流动体，它包裹着蛋黄，并充满于整个蛋壳之内。蛋白分为 3 层，里层叫内稀蛋白，中间层叫浓厚蛋白，外层叫稀薄蛋白。蛋白的传导力很弱，它能减轻气温对蛋的影响，保护蛋黄。蛋白又是孵化雏鸭所需要的水分和养料。刚产下的鲜蛋,浓厚蛋白约占鸭蛋蛋白总重量的 50%～60%。浓厚蛋白中含有溶菌酶,能溶解细菌,有杀菌或抑菌作用。随着存放时间的延长,浓厚蛋白受外界气温等条件的影响而逐渐变稀,溶菌酶也随之逐渐消失而失去杀菌能力。浓厚蛋白变稀的过程是从蛋产下来就开始的,直至完全变稀为止。只有在0℃左右时,这种变化才能降至最小限度,所以,保存种蛋的温度最好在5℃左右。浓厚蛋白越多,说明蛋越新鲜,因此,浓厚蛋白的多少也是检验鲜蛋质量的重要依据。

在浓厚蛋白中,位于蛋黄两端各有一条白色带状物,叫作系带(又称卵带或韧带)。新鲜蛋的系带色白易见,弹性大。在蛋的小头,系带长而粗;在蛋的大头,系带短而细。系带的功能是固定蛋黄的位置,使蛋黄位于蛋的中间,不致贴靠蛋壳。

(三) 蛋 黄

蛋黄约占整个鸭蛋重量的 28%～35%。蛋黄位于蛋的中心,呈圆球形,它是由蛋黄膜、蛋黄液和胚胎所组成。

蛋黄之所以能够形成圆球形,是因为蛋黄外面包有一层很薄而有韧性的透明薄膜,叫作蛋黄膜。蛋黄膜的厚度为 16微米,其重量约占蛋黄重的 2%～3%,它的功能是保护蛋黄液不与蛋白相混。新鲜蛋的蛋黄膜富有弹性,随着鲜蛋保存时间的延长,它的韧力逐渐减弱,使蛋黄逐渐膨大,最后完全失去张力而破裂。

蛋黄的内容物叫蛋黄液,是一种浓稠糊状体,由深浅两种不同颜色的蛋黄所组成。两种蛋黄相间组成轮状,由外向内分层排列,通常有 6 层。蛋黄颜色有深浅,是由于昼夜代谢率不同以及饲料中核黄素含量不同所引起的。蛋黄液主要是供给孵化雏鸭时所需的营养。

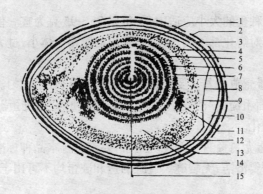

图 3-1　鸭蛋的构造示意图

1. 胚珠(胚盘)　2. 胶质膜　3. 蛋壳

4. 深色蛋黄　5. 蛋黄膜　6. 浅色蛋黄

7. 系带层浓蛋白　8. 内壳膜　9. 气室

10. 外壳膜　11. 系带　12. 外稀蛋白

13. 浓蛋白　14. 内稀蛋白　15. 蛋黄心

蛋黄的中心有一个白蛋黄体,形状很像细颈圆形烧瓶,由里边延伸到蛋黄表面,托着一个圆形或多角形的白色小点,未受精的呈圆形,叫胚珠;受了精的呈多角形,叫胚盘。

二、种蛋的选择、运输、保存和消毒

(一) 种蛋的选择

种蛋必须来源于健康而高产的种鸭群。

1. **种蛋品质**　要求种蛋的品质要新鲜。种蛋保存的时间越短越有利于胚胎发育,孵化出雏率也就越高。一般以母鸭生下1周内的蛋为合适,以3～5天为最好。

2. **种蛋的形状和大小**　蛋形应正常,过圆或过长的蛋不宜孵化。种蛋的大小应适中,蛋重以85~95克为宜。蛋重过大或过小对孵化都不利,过小则孵出的雏鸭个体小,过大则孵化率低。

3. **蛋壳的结构**　要求蛋壳的结构正常,致密均匀。蛋壳过薄,壳面粗糙的"沙皮蛋",蛋壳过于坚硬的"钢皮蛋",都不可用于孵化。

4. **蛋壳的颜色**　颜色应正常,要求符合本品种标准。种蛋的壳面要清洁,无裂缝。过脏的蛋和破蛋均不可用于孵化。

(二) 种蛋的运输

在不饲养种鸭,需要外购种蛋的鸭场,应特别注意种蛋的运输问题。

1. **运输前的准备工作**　在种蛋启运前应进行包装,最好采用硬塑料薄膜压模包装托盘,以防破损。如果没有蛋托盘,可采用木箱装蛋。先在木箱底铺上稻壳、碎草等垫料,然后每摆1层蛋铺1层碎草,直至装满,蛋与箱边、蛋与蛋之间的空隙应充满垫料,最上面盖一层软草,压实,钉上盖,打包,即可运输。

2. **运输过程中应注意事项**　运输种蛋最适宜的温度是15℃~18℃。达不到这个要求的,也一定要尽量避免过冷或过热。运输时切忌强烈震动。装卸时要轻拿轻放。

(三) 种蛋的保存

收集到的种蛋应及时入孵,不能及时入孵的必须妥善保存。

1. **对环境的要求**　种蛋应保存在专用贮存室内。贮存室应冬暖夏凉,空气新鲜,通风良好,清洁,整齐,无阳光直射,无冷风直吹,无蚊蝇、老鼠,无其他怪味。要将种蛋码在蛋盘里,放在蛋盘架上,分层放置,使之四周通风。

2. **对温度的要求**　保存种蛋的适宜温度为13℃～15℃。如果温度过低(0℃以下),种蛋因受冻而失去孵化能力;过高(25℃以上),胚胎会开始发育而不能出雏,造成早期死亡。夏季可利用冷风机调温,有条件的鸭场可安装空调机,以保持贮蛋室内恒温。

3. **对湿度的要求**　保存种蛋的适宜相对湿度为70%～80%。如果湿度过高,有利于微生物繁殖并侵入蛋内,造成种蛋变质而导致胚胎死亡;相对湿度过低,则种蛋内的水分易蒸发,使出雏率降低。

4. **对保存时间的要求**　保存种蛋的时间越短越好,不超过4天的孵化率最高。一般保存时间在7天以内的,均可正常出雏。如果超过7天,保存的温度又不适合时,孵化出雏时间会推迟,孵化率降低,孵化出来的雏鸭身体弱。如果种蛋在26℃的环境保存7天,其孵化率只有50%左右。

(四) 种蛋的消毒

由于母鸭是在地面上产蛋,种蛋易被粪便、垫草污染而带菌。种蛋被污染后不但影响孵化率,而且还会污染孵化器和用具,传染各种疾病。为此,种蛋在收集好以后和入孵前必须进行消毒。

种蛋消毒的方法很多,目前普遍采用的是熏蒸消毒法。这种方法既方便又有效。具体做法如下：按每立方米容积(空间)称量出30毫升福尔马林和15克高锰酸钾备用。将种蛋放到孵化机内,然后把称好的高锰酸钾放在容器里(容器可放在机内蛋架下),再把福尔马林倒进去,迅速关闭机门。熏蒸时要关严门窗,室内温度保持在 25℃～27℃,湿度为 75%～80%。温湿度低时效果较差。熏蒸 30 分钟后打开机门和门窗,以排出药气。为节约用药,减少开支,也可用塑料布封闭蛋架,将药盘放在蛋架下熏蒸。

三、种鸭蛋的孵化条件

受精鸭蛋从孵化开始到出雏止,需要 28 天。也就是说,鸭的孵化期是 28 天。

(一) 温　度

温度是鸭胚胎发育的重要条件,是决定孵化成败、雏鸭质量好坏的关键。温度过低(26.6℃以下)或过高(40.6℃以上)或忽高忽低,都直接影响胚胎的生长,甚至造成死亡。孵化最适宜的温度为 37.8℃。

(二) 湿　度

湿度也是孵化的重要条件之一。整个孵化期所要求的相对湿度为 65%～75%,出雏时可提高到 75%～80%。湿度对胚胎的发育影响很大,如湿度过小,蛋内的水分蒸发快,胚胎和胎膜容易粘连在一起,影响胚胎的正常发育和出雏。即使能孵出鸭雏,一般个体也较小,干瘦,毛短,毛梢发焦。如果湿度太大,蛋内水分不能正常蒸发,胚胎发育也受影响,孵出来的鸭雏肚子大,无精神,也不好饲养,成活率较低。

(三) 通风换气

胚胎在发育过程中,不断地进行气体代谢,即吸入氧气,排出二氧化碳。为保证胚胎的气体代谢正常进行和使孵化器内的温、湿度均匀，必须经常供给新鲜空气。孵化器内二氧化碳含量不可超过 0.3%，否则，将造成胚胎发育迟缓，或胎位不正，或畸形，甚至导致胚胎死亡。

(四) 翻 蛋

翻蛋的目的是帮助胚胎活动，保证胎位正常，防止胚胎和壳膜粘连。种蛋从入孵的第一天起，就要每天定时翻蛋(转蛋)。带有自动翻蛋装置的孵化器，一般每小时翻 1 次；人工翻蛋的，一般每 2～4 小时翻 1 次。每次翻蛋角度以 90°为宜。

(五) 凉 蛋

鸭蛋的脂肪含量高，孵化至 16 天后由于脂肪代谢增强，蛋温急剧增高，对空气的需要量也大大增加，必须向外排出过剩的体热和保持足够的空气量；另外，鸭蛋的个头儿大，其单位重量的表面积小，本身散热能力低。因此，必须凉蛋。

凉蛋的方法很多，如打开孵化机的门，把蛋抽出来；或掀去摊床上的覆盖物；或在蛋面上喷水；也可采用加强通风的办法。凉蛋的时间依季节、室温和孵化日期而定，一般是 30～40 分钟，短者 15～20 分钟，长者 60～90 分钟。何时结束凉蛋，可用人工的方法来试温，即将鸭蛋贴在眼皮处，稍感微凉(约为 32℃～34℃)就应该停止凉蛋。

(六) 孵化过程中的胚胎检查(照蛋)

照蛋即是利用照蛋器的灯光透视蛋内的胚胎发育情况。此方法操作简便，准确率高(图 3-2)。

1. 目的 照蛋的目的，一是检查胚胎发育的情况，以利于孵化工作的正常进行；二是及时除去无精蛋和死胎蛋,以保持良好的孵化环境,提高孵化率。

2. 照蛋的时间及胚胎的变化 在整个孵化过程中,一般照蛋 2~3 次。

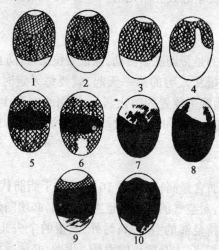

图 3-2 鸭的胚胎发育照蛋图

1. 孵化 7 天发育良好的胚胎(正面)
2. 孵化 7 天发育良好的胚胎(背面)
3. 孵化 7 天发育不良的胚胎(正面)
4. 孵化 7 天发育不良的胚胎(背面)
5. 孵化 13 天发育良好的胚胎(血管在小端合拢)
6. 孵化 13 天发育不良的胚胎(血管在小端没有合拢)
7. 孵化 25 天发育良好的胚胎(正面)
8. 孵化 25 天发育良好的胚胎(背面)
9. 孵化 25 天发育不良的胚胎(正面)
10. 孵化 25 天发育不良的胚胎(背面)

(1) 一照(头照) 入孵 6~7 天后进行。头照时除剔出无精蛋和死胎蛋外,更要注意胚胎发育情况。发育正常的胚胎,其血管网鲜红色、扩散面较大,胚胎上浮或隐约可见;发育不良的胚胎,则血管淡红色、纤细、扩散面小;无精蛋则蛋内透明,有时呈现出蛋黄暗影;死胎蛋,则见有血网或血线,有时可见死亡的胚胎,但无血管扩散,蛋的颜色较淡。

(2) 二照 入孵后 13~14 天进行。在这个时期发育正常的胚胎,尿囊血管伸展到蛋的尖端,合拢,并包围蛋的所有内容物,透视时蛋的尖端(小头)布满血管;发育慢的胚胎,尿囊血管尚未合拢,透视时蛋的小头颜色发白;死胎蛋(臭蛋)内是漆黑一团,边缘颜色发淡或呈污水样的淡色的液体。

(3) 三照 入孵后 25~26 天进行。三照后蛋即落盘(移盘)。此次照蛋时,发育良好的胚胎,除气室以外已占满蛋的全部容积,胎儿的颈部紧压气室,因此气室边界弯曲,血管粗大,有时可以看到胎动。发育慢的胎儿则气室较小,边界平齐。死胎蛋,气室血管颜色较淡,边界模糊,蛋的小头常常是淡色的。

3. **孵化过程中鸭胚胎的正常发育情况** 见表 3-1。

3-1 鸭胚胎正常发育情况说明

胎 龄 (入孵天数)	胚 胎 发 育 情 况
1	受精蛋蛋黄上的胚盘呈现出较为透明的小圆点
2	圆点较前略大,有时隐约可见卵黄囊的血管区
3	胚胎较前散大,能够明显地看到卵黄囊的血管区,形状很像樱桃
4	胚胎已有小血管伸展出来,卵黄囊开始扩展,胚胎隐约可见,形似蜘蛛
5	胚胎较前为大。因为胚胎已固定不动,蛋转动时,蛋黄不易随着转动
6	胚胎上隐约可见到像眼珠一样的黑点

胎 龄 （入孵天数）	胚 胎 发 育 情 况
7	可以明显看到黑色的眼点，出现口腔基部
8	可看到胚胎有两个小圆团，一个是头，一个是弯曲增大的躯干部
9	羊水显著增多，胚胎在羊水中不易看清。这时半个蛋的表面已完全布满血管
10	正面：胚胎容易看到，并像在羊水中浮游一样活动 背面：蛋转动时，两边卵黄不易晃动；同时，胚胎的背部已出现细小的绒毛
11	蛋转动时，两边卵黄容易晃动，背面尿囊血管迅速伸展，越出卵黄。这时喙已形成
12	尿囊接近合拢，但还没有完全接合
13	尿囊血管继续伸展，在蛋的小头合拢（整个蛋除气室外，都布满血管，俗称合拢）。眼睑已达到瞳孔
14	由于尿囊合拢，蛋内光线显得较暗，透视时能见度差。这时胚胎在内部逐渐转动。嘴、四肢、羽毛和眼睑继续发育，全身除颈部外，都生出稀少的绒羽
15	血管加粗，颜色加深。胚胎在转动，身体长轴与蛋的长轴相合，绒羽包裹颈部继续生长
16	血管加粗，颜色更深。胚胎位置已不太自由，头向下弯曲
17	蛋内黑影加大（胚胎），剩余的蛋白被急剧吸收。头部向下弯曲，处于两脚之间
18	蛋内黑影显大，蛋小头的微亮区缩小。蛋白继续被吸收，只剩下一部分浓蛋白
19	蛋内黑影更大，眼睑闭合。鸭雏的头位于右翼的下面
20	蛋内黑影比前更大。浓蛋白剩下很少
21	蛋小头微亮区消失，俗称"关门"，即蛋内全部合成一体。蛋白已被吸收利用完

胎　龄 （入孵天数）	胚 胎 发 育 情 况
22	气室倾斜,俗称"斜口"。气室周围发红,蛋黄利用显著增加
23	胚胎继续增大。鸭雏开始睁眼
24	气室内可见鸭颈部,突起部分更多。胚胎继续利用卵黄。鸭雏眼睁开
25	胚胎继续利用卵黄
26	胚胎仍利用卵黄
27	胚胎的卵黄囊被吸收到体内。胚胎头部突入气室更多。部分蛋壳被啄开一个小洞
28	鸭雏在壳内转动,渐渐啄破一圈蛋壳,挣扎出壳

4. 不良孵化结果的分析　见表 3-2。

表 3-2　不良孵化结果及其产生的原因

原　　因	新鲜蛋	一　照 (6~7 天)	二　照 (13~14 天)	三　照 (25~26 天)	死　胎	初生雏
缺乏维生素 A	蛋黄淡白	无精蛋多,死亡率高	发育略显迟缓	生长迟缓,肾有盐类结晶的沉淀物	肾及其他器官有盐类沉淀物,眼睛肿胀	带眼病的弱雏多
缺乏维生素 D	壳薄而脆,蛋白稀薄	死亡率略有增高	尿囊发育迟缓	死亡率显著增高	胚胎有营养不良的特征	出壳拖延,初生雏软弱
缺乏核黄素	蛋白稀薄		发育略显迟缓	死亡率增高	死胎,有营养不良的特征,绒毛卷缩,脑膜浮肿	

原　　因	新鲜蛋	一　照 (6~7天)	二　照 (13~14天)	三　照 (25~26天)	死　胎	初生雏
陈　蛋	气室大,系带和蛋黄膜松弛	很多胚胎在2~3天内死亡	发育迟缓	发育迟缓		出壳时间拖长
冻　蛋	很多蛋的外壳破裂	在1胎龄死亡率高,蛋黄膜破裂				
运输不良	蛋壳破裂,气室流动					
前期过热		多数发育不好,不少充血、溢血和异位	尿囊早期包围蛋白	异位,心、胃和肝变形	异位,心、胃和肝变形	出壳早
后期长时间过热			啄壳较早	很多胚胎破壳后死亡,蛋黄未吸收,残有浓蛋白、卵黄囊、肠和心脏充血,心脏缩小		出壳较早,但拖长时间,雏鸭小,绒毛粘着,脐带愈合不良

原 因	新鲜蛋	一 照 (6～7天)	二 照 (13～14天)	三 照 (25～26天)	死 胎	初生雏
温 度 不 足		生长发育非常迟缓	生长发育非常迟缓	生长发育非常迟缓,气室边界平齐	尿囊充血,心脏肥大,蛋黄吸入,但呈绿色,肠内充满蛋黄和粪	出壳晚而延长,幼雏不活泼,脚站立不稳,腹大,有时下痢
湿 度 过 大			尿囊合拢迟缓	气室边界平齐,蛋重损失小,气室小	啄壳时嘴粘在蛋壳上,食道膨大部、胃和肠充满液体	出壳晚而拖延,绒毛粘连蛋液,腹大
湿度低		死亡率高,充血	蛋重损失大,气室大		外壳膜干而结实,绒毛干燥	出壳早,绒毛干燥、发黄,有时粘壳
通风换气不良		死亡率增高	在羊水中有血液	在羊水中有血液,内脏器官充血及溢血	在蛋的小头破壳	
翻蛋不经常		蛋黄粘在蛋壳膜上	尿囊尚未包围蛋白	在尿囊之外有剩余蛋白		

四、农家常用的孵小鸭方法

传统的民间方法,有炕孵化法、缸孵化法、桶孵化法和平箱孵化法等。近几年有的地区还采用塑料薄膜水袋孵化法。无论是哪种方法,它们的共同点是:一般分为两大孵化时期,前期靠炕、缸、桶、箱、塑料热水袋等供温孵化,后期均靠自温或室温孵化;不同点是前期的给温方式不同。这5种方法的共同优点是设备简单,成本低廉,不需用电,在温度的控制上符合胚胎发育的要求;缺点是操作繁琐,管理复杂,劳动强度大,种蛋破损率高,学会掌握这套技术较困难。

(一) 炕 孵 法

火炕孵化法是我国北方采用的传统孵化方法,方法简单,容易推广。

1. 设备及用具

(1) 孵化室 要求孵化室保温良好,并要有通风换气的设备,如小窗户或卷窗。

(2) 火炕 火炕是整个孵化过程中的热源,也是孵化前15天的孵化器。火炕用砖砌成,高约60厘米,宽以能对放2个蛋盘、四周再留17厘米宽的空间(以便于盖被)为宜。火炕长度可根据生产规模而定。炕面四周用单砖砌成36厘米高的围子,以利于保温和作为上摊床操作的踏板。

(3) 摊床(棚架) 设在炕的上方,约距炕1.3米,可根据情况设1~3层(一般第三层放杂物不放蛋),两层之间距离80厘米。先在炕上方用木杆搭个棚架,其高度以孵化人员来往不碰头即可;宽度比炕面窄些;长度根据孵化量而定。床面用秫秸或竹竿铺平,再铺上稻草和棉被以保温。也可用秫秸帘作床底,然后糊上纸,再铺上麻袋片或棉被,为防止种蛋或雏鸭滑落到地上,床面四周用秫秸和木板围成高11厘米的围子。摊床架要求牢固,防止摇动。

(4) 蛋盘 可用木板做成长60厘米、宽53厘米、高6厘米的长方形木盘框,盘底钉上方孔铁丝网或用线绳织成的网兜,供孵化时盛种蛋用。

(5) 其他用具 有出雏盒、灯、棉被、被单、火炉、温度计和消毒药品等。

2. 操作与管理

(1) 试温及入孵 在入孵前3~4天,应烧炕试温,使孵化室内的温度达到24℃~26℃。在炕面铺些碎草,再垫2根6厘米见方的木条,以备放蛋盘用。把装好种蛋的蛋盘用被子盖严,放到孵化室内预热10~12个小时。待炕面各部位温度稳定在58℃~60℃后,将蛋盘放在垫木上,用棉被盖严,即可开始孵化。

入孵后1~8天,蛋面温度要保持在38℃~38.5℃。入孵9~28天,蛋面温度要保持在37.5℃~38℃。相对湿度保持在60%~65%,如果湿度不够,可往地面洒水。

入孵初期,不应使蛋面温度升得太快,以入孵后12个小时达到标准温度为宜。为了保持炕温稳定,应每隔4小时烧1次炕,并摸索出合适的燃料量,以定量加入燃料,防止炕温忽高忽低。入孵后应每15~20分钟检查1次温度。每天通风换气2~3次。为了保持孵化温度稳定,通风时应适当提高室温。

(2) 倒盘翻蛋 种蛋上炕入孵后,要每小时倒盘1次,即将上下、前后、左右的蛋盘互换位置。每2~3个小时翻蛋1

次。翻蛋时把盘中间的蛋移到两边,把两边的蛋移到中间。

(3) 上摊床孵化 炕孵 15 天后,转入摊床孵化。上摊床前,要使孵化室的温度升高到 28℃～29℃。把蛋盘中的种蛋取出放到摊床上,开始时可堆放 2～3 层,盖好棉被,待蛋温达到标准温度后,逐渐减少堆放层数。上摊床后,应每 15～20 分钟检查 1 次温度,每 4 个小时翻 1 次蛋,25 天后将种蛋大头向上立起,单层排放,等待出雏。这个时期湿度要求高一些,以 65%～75% 为适宜。入孵种蛋的移动程序和盖被要求见表 3-3。

表 3-3　入孵种蛋移动程序与盖被要求

项　　目	孵　化　天　数					
	1～7	8～14	15	16～20	21～25	26～28
蛋的位置	热 炕	温 炕	摊 床	摊 床	摊 床	摊 床
被的种类	棉 被	棉 被	棉 被	棉 被	被 单	被 单
被的层数	2	2	1	2	2	1
蛋的层数	2	2	2	1	1	1

(4) 出雏时间 从大批雏鸭啄壳以后,每隔 3～4 个小时应拣出蛋壳和羽毛已干的鸭雏 1 次。

(二) 温水缸孵法

向水缸中注入温水,利用水缸中的水为坐在缸口上的盆内的种蛋加温进行孵化的方法,叫缸孵法(图 3-3)。我国华东地区一般多采用这种方法。

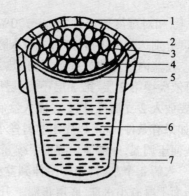

图 3-3　温水缸孵化法示意图
1.温度计　2.棉被　3.棉垫
4.种蛋　5.铁盆　6.水　7.水缸

1. 设备及用具　要有保温好的房舍,要求室温在 18℃
以上。要根据孵化量的多少购置数量足够的缸和盆。缸、盆
一定要配套,口径一致,将盆坐在缸口时,盆与缸口之间要吻
合,不漏气。还要配置温度计。

2. 孵化缸的安放位置　预先在放缸的地面上垫 1 块厚
木板或 1 层麦秸、稻草、锯末等保温充填物。也可以将缸直接
放在炕上。如果孵化量大,要将孵化缸排成数行,各行之间距
离为 45～60 厘米。在缸与缸的行间,以及缸与窗户和墙之间
要用草秸、碎草、干树叶等塞平,并使垫草略高于缸口。如果
只有 1 缸 1 盆,也可以用棉被、棉帘裹严保温。

3. 入孵的操作和管理

(1) 种蛋的预热　将入孵种蛋装入铁筐,放在 45℃～
50℃温水中烫 5 分钟左右,将蛋温提高到 35℃左右。

(2) 缸、盆的预热　入孵前 1～2 天,应使盆内的温度达
到 37.5℃～38.5℃。为了使盆内温度达到上述指标,应向缸
内注入半缸或多半缸温度达到 60℃～70℃的温水。室内温

度应为 18℃ 以上,相对湿度要求达 65%～70%。在缸温、盆温和室内温湿度分别达到上述指标时,方可入孵。

(3) 入孵 在盆内预先垫好棉垫,将预热的种蛋小头向下摆放 1 层,再依次摆第 2 层、第 3 层……,层层摆好后盖上棉被。每盆内要放入 2 支温度计,1 支插入盆底部,1 支放在表层蛋面上。如果有条件,也可以先用塑料丝小网装种蛋,再放在盆内,此法便于调温,并能简化翻蛋手续。

(4) 调温 入孵 4 个小时,当将手伸到盆内感到蛋面微温,并在许多蛋面上凝有小水珠,底层蛋温上升到 39℃ 时,应及时翻蛋。开始时,盆中心的与盆四周的和盆底的种蛋的温差较大,经过几次翻蛋后(大约 12～15 个小时),蛋温即达到均匀,随后每隔 2～4 个小时观察 1 次温度,每 7～8 个小时翻 1 次蛋。除翻蛋调温外,还要利用向缸内加入冷水或热水和增减覆盖物等方法来调节盆温和蛋温。盆内温度一般应保持在 38.5℃ 左右;入孵后的 1～6 天,温度应保持在 38.5℃～39℃;7～13 天为 38℃～38.5℃;14～15 天应将温度升高到 38.5℃～38.7℃。这时即可将种蛋转移到摊床上去,摊床上的管理方法与炕孵法相同。

(5) 水温的调节及更换水 入孵的第一天,种蛋需要升温加热,缸内水温应当高一些。随入孵日龄的增加和胚胎自温能力的增强,缸内水温应逐渐下降。水温下降的幅度应根据蛋温的高低来调节,一定要以蛋温稳定为准则。入孵时缸内水温为 60℃～70℃,入孵后 13～14 天,要逐渐下降到 40℃ 左右。此时水温基本与蛋温接近,可不再换水。需换水时可从缸口直接加入,也可用橡皮管或其他导管换水。每次每缸换入 0.5～1 桶热水即可。换水次数与换水量要视保温情况而定。换水后 2～4 个小时,应特别注意盆内升温情况,以防温度偏高。

(6) 出雏　在正常情况下,28 天出雏,这时室温要求为27℃～29℃,相对湿度 70% 左右。孵出的雏鸭毛干之后,应放到出雏箱内。

(三) 桶 孵 法

桶孵法又称炒谷孵化(稻谷可连续使用多年),是我国南方地区广泛采用的一种孵化方法。

1. **设备及用具**　孵桶、蛋网和保温的孵化室等设备。对孵化室要求与其他孵化方法相同。

(1) **孵桶**　是用木制的或用竹篾编织而成的圆筒形无底竹箩。孵桶的外表先糊以粗厚的草纸数层或涂一层混入麦秸的细泥,然后用厚纸(牛皮纸)内外裱糊。桶高 90 厘米,直径60～70 厘米。每个桶附有用竹篾编的箩盖 1 个,供保温及盛蛋用。

(2) **蛋网**　蛋网底平、口圆,外缘穿 1 根网绳,以便于翻蛋时提出和铺开。蛋网的大小由孵桶的直径来决定。每层放2 个蛋网,1 网为边蛋,1 网为心蛋。蛋要单层平放。

2. **入孵操作和管理**

(1) **炒谷**　每年的第一次孵化时,先将稻谷炒热,然后用麻布包好以孵新蛋用。装桶时谷的温度要求达到 38℃～39℃,最上层和底层谷温要求达到 40℃～42℃。8 天以后只炒底面的两层即可。

(2) **暖桶**　入孵前用热谷温度暖桶。

(3) **暖蛋(预热)**　将种蛋放在阳光下暖蛋,阴天时在室内用炒谷"烙蛋",使蛋的温度达到 37℃之后就可以入孵。

(4) **入孵**　入孵前,先在桶底放一层冷谷,再放两层热谷,然后视种蛋的冷热程度,每装一层蛋填一层炒热的稻谷或每两层填一层炒热的稻谷,并加隔一层麻布。最后,上面放两层热谷,一层冷谷,再盖一层棉絮。入桶几批种蛋之后,由于孵化后期种蛋不但可以自温,而且还能往外散热,将这种热量传给稻谷,即可采取"老蛋孵新蛋"的办法,不必再炒谷,较为经济。

(5) 翻蛋　开始孵化的新蛋,可用热谷连续加温 2～3 次,使种蛋定温。而后每天翻蛋 3～4 次。翻蛋时要备 1 个空桶,以便于调换种蛋的位置(上下层互换、中心与边缘蛋互换)。入孵 14～16 天,即转入摊床孵化,摊床上的操作方法与炕孵法相同。

(四) 平箱孵化法

平箱孵化法比缸孵、桶孵方法操作简便,结构合理,蛋的破损率低,胚胎发育均匀,并可节省燃料。据统计,与缸孵法比较破损率降低 2.5%,节省燃料 25% 左右,孵化率也高。平箱孵化法的热源可因地制宜选用,除可用木炭外,煤、柴油炉、电热丝均可。在广东、广西等气温高的地区,也可用煤油灯作为热源。由于平箱孵化法不受电源限制,所以便于在无电源的农村推广采用。

1. 设备及用具

(1) 孵化室　由孵化量决定孵化室的大小,要求保温性能良好。

(2) 平箱　平箱外形似 1 个长方形的箱子,由两大部分构成,上部是箱身,下部是放置热源的地方。平箱高 157 厘米,宽与深均为 96 厘米。箱身部分,用 4 根长 157 厘米、宽和高均为 5 厘米的方木作为支柱(也可用 45 厘米×45 毫米的角铁),箱的四壁和门用纤维板或厚纸板钉成。也可用土坯或砖砌成。如果用纤维板,应钉成内外两层,中间填塞松软的棉花。纤维板与纤维板连接处、纤维板与木架的连接处,要用牛皮纸(3~4 层)贴牢,严防有漏缝,以使箱身有良好的保温能力。箱身内有转动式的蛋架,一般有 7 层。蛋架上面放 6 层蛋筛,而在底层(即第七层)用来放匾或者是厚纸板做的圆形隔温板,其大小与装蛋的筛一样,起缓冲作用以免鸭蛋破损。箱门为三叠式,左右两扇,中间门分上下两扇。检查蛋温时只需打开上部小门即可,以免箱内热量散失。

下部热源部分,是四周用土坯、底部用 3 层砖砌成的 1 个像锅灶样的略圆形的灶膛,正面留一个椭圆形的火门(高25~30 厘米,宽 35 厘米)。热源部分和箱身的交接处要安装一块厚铁皮,铁皮上面先涂 1 层草泥,如果底筛上种蛋的温度高于顶筛蛋内的温度,可再铺 1 层稻草灰,以作为缓冲温度的隔温层。

(3) 筛 筛是用竹篾编制而成的外径 76 厘米、高 8 厘米的筛。每个平箱应备 6 个筛。

(4) 匾 匾也是用竹篾编制而成的,其大小与筛相同,也可以用厚纸板制成。每箱应备 1 只匾,放在箱的底层(第七层),起缓冲温度作用。

(5) 翻蛋架 翻蛋架为木制活动的三角架,高 85 厘米。翻蛋时用于放置蛋筛。三角架上应固定 1 个小草箩子,作为翻蛋时装放蛋筛中的边蛋用。这样既可减少蛋的破损,又可防止翻蛋时震动。

(6) 温度计 每个平箱最少配备 1 支温度计。最好备有3 支,在平箱的上、中、下方各放置 1 支。

平箱在孵化室内的排列要考虑对摊床、照蛋、出雏工作的方便。一般是每4个平箱为1组(图3-4,图3-5),安置在孵化室中间摊床下面。也可沿孵化室墙四壁直线排列。箱背应离墙6~7厘米,箱与墙之间的空隙应填塞能起隔热、保温作用的填充物(如稻壳或锯末等)。

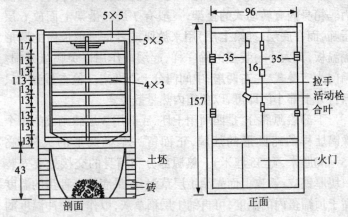

图3-4 平箱结构图 （单位:厘米）

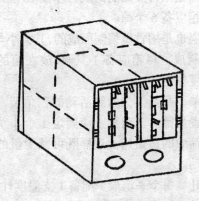

图3-5 4个平箱组装外形图

2. 入孵操作和管理

(1) 试温　入孵前 3 天,要对平箱试温,观察其保温性能,是否有漏气、裂缝现象。箱内温度达到 40℃ 以上时,即应保持恒温。

(2) 种蛋的预热　将种蛋移放在蛋筛上,再放在 26℃ ～ 27℃ 的孵化室内,经 10 个小时之后把蛋筛放进平箱,把箱门关紧并塞上火门,让温度慢慢上升。此时每隔 3 个小时转筛 1 次,并注意检查温度。待箱温达到 37.8℃ ～38.5℃ 时,进行第一次调筛。箱温升到 39℃ 左右时,进行第二次调筛并翻蛋。当温度达到 39.5℃ 时,可第三次调筛同时翻蛋。经 3 次调筛 2 次翻蛋后,蛋温即可达到均匀。

(3) 翻蛋　每天翻蛋 2 次,2 次之间间隔 12 个小时。翻蛋时先把筛端下来,放在翻蛋架上,将筛四周的蛋取出约 30 个放在小草箩子里,用双手把筛中心的蛋轻轻移到四周,同时将原来四周余下的蛋向内移,然后将小草箩里的蛋放到正中间。翻好后往箱内放的同时进行调筛。

(4) 调筛和转筛　调筛和转筛是同时进行的。箱内有 6 层蛋筛,上下温度不一,顶层和底层温度较高,中层略低,所以要进行调筛,以使各层筛的蛋受温均匀。先将空匾抽出放在箱外,第六层暂放在空匾处,然后依次进行调筛,再将空匾放回箱内。经 6 次调筛后各筛则返回原位。箱内前、后、左、右的温度往往也不是均匀一致的,一般靠箱壁处蛋温较高,故此要转筛。转筛时动作要轻,每次可旋转 180°。

(5) 加炭　平箱孵化的热源为木炭时,每天应加炭 1 次。加炭时间以便于操作管理而定。加炭量要适中,注意结合气温条件及平箱保温性能来掌握。火候大小,只要能保持箱内温度适宜就可以,不可过大。

(6) 上摊床　入孵后 14～15 天,应将种蛋转移到摊床上孵化。其操作和管理方法与炕孵法相同。

(7) 孵化室内温、湿度　由于平箱的保温性能良好,故孵化室内的温度不宜很高,一般以 15℃～18℃ 为宜。相对湿度应为 65%～70%。

(五) 塑料薄膜水袋孵化法

即利用塑料薄膜袋内的水温来调节孵化的温度。这种方法容易调节温度,蛋盘内温度均匀,孵化效果好,成本低,简便易行。

1. 设备和用具　孵化室(普通住房也可)、火炕、蛋盘(根据孵化数量制作 1～2 个长方形木框,长 1.6 米、宽 0.8 米、高 0.2 米)、棉被、温度计和塑料薄膜水袋(宽度与木框相同,长度略长于木框)。

2. 入孵操作和管理　先把木框平放在炕上,框底铺垫两层软纸,再将塑料薄膜水袋平放在框内,框内四周与塑料水袋之间的空隙塞上棉花及软布以保温,然后往塑料薄膜水袋中注入 40℃ 温水(以后注入的水温应比蛋温高 0.5℃～1℃),使水袋鼓起 0.1 米高。把种蛋平放在塑料薄膜水袋上面,把温度计分别放在蛋面上和插入蛋之间,用棉被把种蛋盖严。

(1) 温度的调节　种蛋的温度主要靠往水袋里加冷、热水来调节。每次注入热水前,应先放出等量的水,使水袋中的水始终保持恒温。火炕不要烧得太热。入孵后的适宜温度为:入孵 1～7 天,蛋表面温度为 38.5℃～39℃;入孵 8～14 天,蛋表面的温度为 38℃～38.5℃;入孵 15～26 天,蛋表面温度为 37.5℃～38℃。

(2) 通风换气　入孵 23～25 天,由于胚胎自温增加的能力强,必须使蛋面与棉被之间有一个空隙,以便于通风换气。

(3) 翻蛋　入孵 1～15 天,每昼夜翻蛋 3～4 次;16～27 天,每昼夜翻蛋 4～6 次。孵化量大、蛋床多时,可把第一床上的蛋逐个捡到第二床上,第二床上的蛋捡到第三床上,第三床上的蛋捡到第一床上。孵化量小时,可用双手将种蛋有次序地从水袋的一端向另一端轻轻推去,使种蛋就地翻动一下。

(4) 凉蛋　孵化前期(1～13 天),凉蛋可结合翻蛋进行,每次约 10 分钟。孵化后期,每次凉蛋 15～20 分钟。入孵 26 天,将种蛋大头向上,等待出雏。

五、电机孵化方法

(一) 设备及用具

1. **孵化室**　孵化室要求比一般房屋高,顶棚离地面应为 3.1～3.5 米。孵化室的地面要求坚固而平坦,以便于清洗消毒。孵化室内要求有良好的通风设备,如专用的通风孔或风机。要求孵化室保温良好。

2. **孵化器**　孵化器(图 3-6)一般安放在室内离热源 80～90 厘米处(最好是 1 米),并避免阳光直射,否则会影响机内温度。

3. **出雏器**　孵化量大的孵化场,一般把出雏器和孵化器分别安放在 2 个屋内;孵化量小的鸭场可以将其安放在同 1 个屋内。

4. **蛋架**　安放在入孵和凉蛋操作方便的地方。

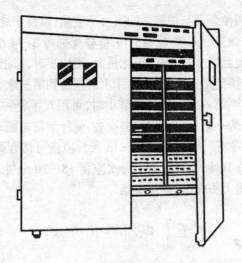

图 3-6 电孵化器

(二) 入孵操作和管理

1. **熏蒸消毒** 将孵化室和孵化器检修、清洗之后,要进行熏蒸消毒。每立方米容积用福尔马林 15 毫升,高锰酸钾 7.5 克。把孵化器门打开之后,将室内门窗关严,熏蒸 1.5~2 小时,之后打开门窗放气。

2. **试机** 入孵前 2~3 天应进行试机运转,一切正常才能入孵。否则会造成不应有的损失。

孵化室内的温度应为 20℃~24℃,相对湿度为 55%~60%。

3. **种蛋的预热** 在入孵前 18~24 个小时,将选好的种蛋放入蛋盘,转移到孵化室内蛋架上进行预热。

4. **入孵** 一切准备就绪之后,即可上蛋孵化。入孵的批次和间隔时间决定于种蛋的多少。一般可 5~7 天入孵 1 批。

但一定要注意,每批只能上同一个颜色的蛋盘,严禁新老入孵种蛋混盘。如果蛋盘无色,孵化人员一定要做好标记。

5. **孵化器的管理** 电孵化器的管理非常简单,主要是注意观察调节器,随时掌握机内温度和湿度的变化情况,以便及时调节。每天要定时往水盘上加温水。湿度计下边在水中的纱布,要经常清洗和更换,以保持清洁。湿度计的水管要盛有适量的蒸馏水。孵化器内的风扇叶片、蛋架等均应保持清洁,无灰尘,否则会影响机内的通风。此外,应经常留意机器的运转情况,如电动机是否发热,机内有无异常的音响等。对孵化器的轴承和电动机应定期加油。

6. **孵化器内的温、湿度要求** 适宜温度为 37.7℃～38℃。每孵化 1 000 个种蛋应备 1 支温度计。在入孵前将温度计校正好,校正时要记好每支温度计的误差是多少,并做上标记。器内的实际温度与理论温度之间的误差不能超过±0.3℃。器内相对湿度应为 65%～75%,可用增减水盘数量和水量进行调节。

7. **翻蛋(倒闸)** 一般应每 1～2 个小时翻蛋 1 次,翻蛋动作要轻,每次应将种蛋翻转 90°。孵化人员必须牢记翻蛋时间,做好记录,严防误翻。

8. **落盘(移蛋)** 一般入孵 25～26 天,也就是最后 1 次照蛋后,应将孵化器内蛋盘上的种蛋移放到出雏器的出雏盘内。在转机之前要将出雏器和出雏盘进行熏蒸消毒,每立方米可用高锰酸钾 12.6 克、福尔马林 25.2 毫升,熏蒸 40 分钟即可。将种蛋移到出雏器之后,就不需要再进行消毒了。出雏器内的温度要求 37.3℃～37.5℃,相对湿度为 75%～80%。落盘的时间可以根据胚胎发育情况灵活掌握。如果最后一次照蛋时,气室已很弯曲,气室下部黑暗,气室内可见鸭雏嘴的暗影,则胚胎发育良好,可及时落盘;如果大部分蛋的气室平齐,气室下部发红,则为发育迟缓,应推迟落盘时间。

9. 出雏管理 出雏时间可根据出壳情况,中途拣雏1~2次,每次拣雏应在雏鸭羽毛干后进行。不可经常打开机门,以防温度、湿度降低,影响出雏。出雏结束前,对于最后出壳有困难的雏鸭,如尿囊、血管已经枯萎时,可人工破壳;如尿囊、血管尚有血液时不得助产,否则易引起死亡。出雏时如空气干燥,应经常向孵化室地面洒水,以保持出雏器内有足够的湿度。

出雏结束以后,应抽出水盘和出雏盘,清理机器底部。对出雏盘、水盘都要彻底清洗消毒和晒干,以备下批出雏时再用。如果孵化、出雏在同一个机器内,应按出雏期间对湿度的要求,再加入一定数量的水盘,才能保证出雏要求的湿度。每次拣出的鸭雏应放在有分隔的雏箱或雏篮内,然后放在22℃~24℃的暗室中,使鸭雏充分休息,准备接运。

10. 停电时的应急措施 大型鸭场孵化厂,一定要自备发电机。如果没有这种条件,在种蛋孵化时期,应及时与电业管理部门取得联系,以便停电时能事先做好准备。孵化室应具有加温用的火炉或火墙,以备停电时生火加温;一般应在停电前2~3个小时内将火生好,停电不超过4个小时,可不必生火加温。停电时,应保证孵化室内的温度达到37℃左右(孵化器的上部),并打开全部机门,每隔半个小时或1个小时翻蛋1次,以使上下部温度均匀。同时要不断地向地面喷洒热水,以调节湿度。停电时不要立刻打开通风气孔,以免孵化器内上部的蛋因过热而受损失。

六、初生雏鸭的雌雄鉴别

(一) 按捏肛门法

用左手托住初生雏鸭,以大拇指和食指夹其颈部,用右手大拇指和食指轻轻平捏肛门下方,先向前按,随即向后退缩。如手指皮肤感觉有芝麻粒或小米粒大小的突起状物,即是公雏;反之,无突起状物的是母雏。

(二) 翻肛门法

将初生雏鸭握在左手掌中,用中指和无名指夹住鸭的颈部,使之头向外,腹朝上,呈仰卧姿势,然后用右手大拇指和食指挤出胎粪,再轻轻翻开肛门,如是公雏,则可见有长约 0.4 厘米的交尾器,而母雏则没有。

(三) 鸣管鉴别法

鸣管又称下喉,位于鸭的气管分叉的顶部。母雏鸣管与管上端一样,没有变化;而公雏鸣管处变宽,似球形,很容易于锁骨交叉处摸到。

(四) 外貌鉴别法

把雏鸭托在手上,凡头较大,身体圆,尾巴尖,鼻孔小,鼻基粗硬的为公雏;头小,身扁,尾巴散开,鼻孔较大(略呈圆形),鼻柔软的则为母雏。

第四章　鸭的营养需要与常用饲料

一、鸭的营养需要

为了保证鸭体健康和正常的生长发育,以及生产更多的肉、蛋等产品,必须使它们从体外摄取足够的营养物质。鸭所需要的营养物质主要有以下几种。

(一) 水　分

水是鸭体和鸭蛋的主要组成成分,如鸭肉的 48%～75% 是水,骨骼的 45% 是水,鸭蛋的 70% 是水,血液的 80% 以上是水。水是各种营养素的溶剂,各种养分的吸收、运输,废物的排出,体温的调节等,必须有水分参与才能完成。鸭在没有食物的情况下,生存能维持很长时间。但如果没有水喝,体内损失 10% 的水就能导致严重的代谢紊乱;体内损失 20% 以上的水分,很快就会死亡。青绿饲料及根茎饲料如新鲜水草、野菜、胡萝卜等的含水量虽然达 80%～90%,但仍远远不能满足鸭体的需要,必须经常供给清洁的饮水。

(二) 蛋　白　质

蛋白质是构成鸭体的主要成分。肌肉、骨骼、血液、内脏器官、皮肤、羽毛等均含有大量蛋白质。鸭子在生命活动过程中,各种组织需要不断地利用蛋白质。

蛋白质是由 20 多种氨基酸组成的。鸭体内不能合成,或合成的数量不能满足需要,而必需从饲料中供给的氨基酸,叫必需氨基酸。鸭所需要的必需氨基酸有 13 种,即赖氨酸、蛋氨酸、色氨酸、亮氨酸、异亮氨酸、苯丙氨酸、苏氨酸、甲硫氨酸、缬氨酸、精氨酸、甘氨酸、胱氨酸、酪氨酸。日粮中蛋白质含氨基酸不足时,雏鸭生长缓慢,食欲减退,羽毛生长不良,性成熟晚;成鸭产蛋量少,蛋重小,孵化率低。严重缺乏氨基酸时,鸭子的体重下降,甚至造成死亡。所以,一定要保证饲料中有足够的蛋白质和必需的氨基酸。蛋白质饲料包括动物性蛋白质饲料和植物性蛋白质饲料。鱼粉、肉粉、肉骨粉、血粉、羽毛粉、蚕蛹粉等为动物性蛋白质饲料,含粗蛋白质 40% ～ 80%;豆饼、胡麻饼等均为植物性蛋白质饲料,含粗蛋白质 31% ～47%。动物性饲料不但含蛋白质较高,而且必需氨基酸比较完全,蛋氨酸、赖氨酸等主要必需氨基酸含量较高。

在配合饲料时,既要注意蛋白质的数量,也要注意保证氨基酸的平衡,这是使鸭体长得快、产蛋多、耗料少的必要条件之一。如果在饲料中加入 5% ～10% 的鱼粉和 10% ～25% 的豆饼,对种鸭和雏鸭都有良好的效果;如果有放牧条件,可以适当减少动物性饲料喂量。饲料中蛋白质含量过多,也会造成浪费,并且容易发生代谢疾病。

(三) 碳水化合物

碳水化合物是鸭子的主要营养物质之一。碳水化合物在体内被分解后产生热量,维持体温和供给生命活动所需要的能量,或者被贮存在肝脏和肌肉中。剩余部分转变为脂肪贮存起来,使鸭子长肥。当饲料中含有充足碳水化合物时,鸭子便可充分利用饲料中的蛋白质,并有利于正常生长和保持产蛋能力。当饲料中缺少碳水化合物时,就会分解体内的蛋白质,影响生长和产蛋。但是,在产蛋鸭的饲料中,碳水化合物也不能过多,以免使其长得过肥,影响产蛋。如果喂肉用型的鸭,饲料中的碳水化合物就可以适当多些。

碳水化合物主要存在于植物性饲料中,常用的饲料原料有玉米、小麦、大麦、碎米、次粉、马铃薯、甜菜、南瓜、胡萝卜等。碳水化合物含量多,也比较容易被消化吸收,营养价值较高。玉米等禾谷类子实含可溶性糖较多,一般为 60% ~ 70%。糖类在鸭体内的消化过程中,被分解成葡萄糖和低级脂肪酸,经过缓慢的氧化作用而产生热能,供作维持体温和机体活动的热源。糖类在转化过程中如果还有剩余,就在鸭体内转变成肝糖和脂肪,贮存备用。在鸭育肥阶段,给予大量糖类,就是根据这个原理,促使鸭积蓄大量脂肪。

鸭子对粗纤维的消化能力是很低的。日粮中含有适量的粗纤维,能增加饲料体积,起到填充作用。如果日粮中粗纤维素过多,则会降低饲料的消化率。雏鸭饲料中的粗纤维含量不能超过 4%,其他的鸭子一般为 8%~10%。

(四) 脂 肪

脂肪的主要功能与碳水化合物相同,但产热量比碳水化合物高 2.25 倍。鸭的日粮中含有适量的脂肪,能增加饲料的适口性和消化率;如果缺少脂肪,则会减少脂溶性维生素的来源与吸收;如脂肪太多,对鸭的消化系统不利。此外,脂肪能蓄积在鸭体内,以备营养缺乏时动用;脂肪还有保护脏器的作用。

许多饲料都含有脂肪,其中以油类作物子实含量较多,如花生含脂肪 47%、大豆含脂肪 18%,禾本科植物子实含脂肪少,通常只有 1.7%~5%。

（五）矿 物 质

矿物质是北京鸭正常生长发育、产蛋、孵化等生命活动不可缺少的物质。它的重要性并不次于水、蛋白质、碳水化合物等。鸭所需要的矿质元素有十几种，其中最主要的有钙、磷、钠、钾、镁、硫和氯，它们的需要量较多，占动物体重的 0.01％以上的，称作常量元素。铁、铜、碘、锰、锌、硒、钴、碘等，需要量极微小，占动物体重的 0.01％以下，称作微量元素。

矿物质对鸭体有调节渗透压，保持酸碱平衡等作用；矿物质又是骨骼、蛋壳、血红蛋白、甲状腺激素的重要组成成分，因而成为鸭体正常生活、生长所不可缺少的重要物质。但任何成分如果喂量过多，都会引起营养成分间的不平衡，甚至发生中毒，必须合理搭配。

鸭体对钙和磷的需要量最多。钙和磷是构成骨骼和蛋壳的主要成分，雏鸭缺钙、磷，易患佝偻病；成鸭缺钙、磷则产薄皮蛋和软皮蛋，产蛋量下降，鸭体瘫痪。禾本科饲料含钙少含磷多，豆科饲料含钙多。饲料中的钙、磷含量常常不能满足鸭体的需要，特别是不能满足对钙磷需要量大的育肥鸭和产蛋鸭的需要。因此，应在饲料中加入含有丰富钙和磷的骨粉、贝壳粉、石粉等，予以补充。钙和磷的比例：雏鸭为 1.5∶1；产蛋鸭为 4∶1。

钠和氯存在于鸭体的软组织中，具有维持鸭体的酸碱平衡，保持细胞与血液间渗透压的作用。这两种元素主要用食盐来补充，一般可占饲料的 0.25％～0.4％，不宜过多，否则会中毒。

铁、铜、钴与红血球的构成有关，这些元素缺乏时，鸭子发育不良，出现贫血。此外，钾、碘、镁、锰、锌、硒、硫等在营养上对鸭体都具有重要作用。

（六）维 生 素

虽然鸭体对维生素的需要量甚微，但它们对鸭体的生长发育、繁殖和维持健康具有重要的意义。维生素的种类很多，现将主要几种介绍如下。

1. 维生素A　维生素A是脂溶性维生素，它能促进鸭体的生长发育，保持粘膜和视力的健康，增加对疾病的抵抗力。如缺乏维生素A，鸭体生长不良，容易感染疾病，并会导致眼病、胃肠蠕动失常等现象，种鸭产蛋减少，受精率低、孵化率也低。雏鸭缺乏维生素A，则死亡率高。胡萝卜、苜蓿干草中含胡萝卜素较多，经水解后变成维生素A。

2. 维生素D　维生素D也是脂溶性维生素，又叫抗佝偻病维生素。它能调节鸭体内的钙磷代谢，参与骨组织的生长和骨化。缺乏维生素D时，骨组织的形成遭到破坏，母鸭产蛋率下降，蛋壳不坚固，孵化率降低，雏鸭骨骼生长不良或变形，常导致佝偻病。

鱼肝油中含维生素D_3较多。青饲料中的麦角固醇经紫外线照射可能变为维生素D_2。

3. 维生素E　维生素E与生殖有关，又名抗不育维生素，它也是脂溶性维生素。缺乏维生素E时，种鸭产蛋量、种蛋受精率和孵化率都要下降，甚至停止产蛋。维生素E在青饲料、谷物胚芽中含量较多。

4. 维生素K　维生素K也是脂溶性维生素，它能使伤口血液较快凝固，防止出血过多。青饲料和大豆中含有丰富的维生素K。

5. B族维生素　B族维生素种类很多，它们都是水溶性维生素。B族维生素与脂溶性维生素不同,它们不能贮备积存在鸭体内。因此,在日常饲料中必须含有一定数量的B族维生素。B族维生素有以下几种。

(1) 维生素 B_1 维生素 B_1 又叫硫胺素,鸭体对它的需要量很大,缺乏时出现神经症状。由于糠麸中含有大量维生素 B_1,因此,很少出现维生素 B_1 缺乏症。

(2) 维生素 B_2 维生素 B_2 又叫核黄素,它对鸭体的生长、发育有着很大的作用。鸭体没有合成核黄素的能力,如果饲料中缺乏就会严重影响生长和增重速度,尤其对雏鸭影响更大。特别是喂给高能量饲料时更易缺乏维生素 B_2。维生素 B_2 在青饲料、干草粉、酵母、鱼粉、糠麸和小麦中含量丰富。

(3) 维生素 B_{12} 维生素 B_{12} 又叫抗贫血维生素,它的组成中含有元素钴。维生素 B_{12} 和蛋白质、脂肪的代谢有关,对鸭子的生长有显著的促进作用。维生素 B_{12} 在动物性饲料中含量较多。

除上述几种外,B族维生素中还包括烟酸、维生素 B_6、泛酸、生物素、胆碱、叶酸和肌醇等。

6. 维生素C 这种维生素能防治坏血病,又叫抗坏血酸。

二、鸭的常用饲料

鸭的饲料种类很多,按其饲料来源的不同可分为植物性饲料、动物性饲料、矿物质饲料、维生素饲料和微量元素添加剂。现将常用的饲料介绍如下。

（一）植物性饲料

1. 子实类饲料

（1）玉米　玉米含能量高,含纤维素少,适口性好,容易消化,而且产量高。尤其是黄玉米含胡萝卜素和叶黄素多,有利于鸭的生长发育和产蛋。玉米的喂量可占日粮的35%～65%。玉米与其他谷类比较,钙、磷及B族维生素含量较少。

（2）麦类　小麦含能量较高,蛋白质含量也较多,所含氨基酸比其他谷类饲料完善,B族维生素的含量比较丰富,用量可占日粮的15%～20%。大麦、燕麦比小麦所含能量低,B族维生素含量高,少量使用可增加混合饲料的种类,调剂营养物质的平衡。大麦和燕麦的皮壳粗硬,不易消化,应破碎或发芽后喂饲。大麦发芽后,可提高其消化率,增加核黄素含量。大麦的喂量以占日粮的10%～15%为宜。

（3）豆类　黄豆、黑豆、豌豆等均含有丰富的蛋白质,钙和脂溶性维生素含量也较多,同时含有一定数量的脂肪,它们产生的能量仅次于谷类子实。但用豆类子实做饲料时,一定要炒熟或煮熟后再喂,这既有利于消化,又能防止中毒。豆类可占日粮的10%～30%。

（4）其他　如谷子、稻谷、高粱等均在养鸭业中广泛应用。谷子以黄色的含胡萝卜素稍多。去皮后的碎大米和小米均易消化,是民间育雏鸭的好饲料。谷子可占日粮的10%～20%,碎大米和小米可占20%～50%。高粱含单宁较多,适口性差,喂前最好将高粱浸泡或使之发芽,以减少涩苦味。日粮中高粱的比例以5%～20%为宜,不可多喂。

2. 粮食加工副产品

（1）饼类　饼类包括大豆饼及其他油饼类。大豆饼又称黄豆饼,其蛋白质含量和蛋白质营养价值都很高,含赖氨酸多,是养鸭最好的植物性蛋白质饲料,尤其是雏鸭更为必需的饲料,一般用量为10%～30%。其他油饼类包括花生饼、芝麻饼、向日葵饼、菜籽饼和亚麻仁饼等,都是植物性蛋白质饲料,含蛋白质都较高。花生饼和芝麻饼的蛋氨酸含量较高,可占日粮的5%～15%。菜籽饼含有黑芥素和白芥素,喂前应加热煎煮去毒,用量不宜超过3%。棉籽饼含有棉酚,喂前应粉碎并加0.5%硫酸亚铁去毒,雏鸭用量不宜超过3%,成鸭用量不宜超过5%。

(2) 糠麸类 小麦麸含蛋白质、锰和B族维生素较多,但含能量较低,含纤维素高,在日粮中,雏鸭用量为8%～10%,其他鸭为15%～20%。米糠的脂肪含量较高,其他成分和小麦麸相似,而且米糠气味香,口味甜,一般用量为5%～15%,肥育阶段可加大用量。其他糠类如谷糠、高粱糠、玉米糠等均含纤维素较高,给量可为10%～15%。

(3) 糟渣类 酒糟、甜菜渣、酱油渣等都可作为养鸭的饲料,但由于它们的纤维素含量高,因此用量不要超过2%。

3. 块根、块茎和瓜类 马铃薯(土豆)、甜菜、南瓜、甘薯(地瓜)等含碳水化合物较多,适口性好,产量高,易贮存,是养鸭的优良饲料。马铃薯、甘薯煮熟之后喂饲可提高其消化率。发芽的马铃薯含有毒素,一定要去掉芽后再喂。蒸煮马铃薯的水一定要倒掉,以防鸭子吃了中毒。木薯、芋头的淀粉含量高,一般都是煮熟后拌于其他饲料(糠麸类)中饲喂。木薯必须去皮浸水去毒后饲喂。喂用时,一定要注意矿物质的平衡。

(二) 动物性饲料

1. 鱼粉 鱼粉中蛋白质含量高,一般为44%～65%。

含氨基酸种类也较多,尤其是含蛋氨酸、赖氨酸更丰富,并含有大量的 B 族维生素和钙、磷等矿物质。鱼粉是养鸭中最优良的蛋白质饲料。但是,鱼粉价格较高,其用量宜在 2%～8%。产鱼地区可以自制鱼粉,但鱼粉要存放在通风良好且干燥的地方,防止腐败。用腐败的鱼粉喂鸭会引起中毒。

2. **骨肉粉** 骨肉粉较鱼粉的品质稍差,雏鸭的用量应不超过 5%,其他鸭子的用量为 5%～7.5%。骨肉粉容易变质腐败,喂前要注意检查。

3. **羽毛粉、猪毛粉、血粉** 水解的羽毛粉和猪毛粉含蛋白质为 80%,但含蛋氨酸、赖氨酸和组氨酸都较少,应用时要注意搭配。血粉含蛋白质也很多,赖氨酸含量较丰富,但含异亮氨酸较少。如与其他动物性饲料共用,可补充饲料中蛋白质之不足。由于其利用率低,因此,只能占饲料的2%～3%。

4. **其他动物性饲料** 河虾、蚌肉、田螺、蚕蛹、小鱼、鱼下脚料、肉类加工副产品等均为蛋白质补充饲料。但必须经煮熟消毒后方可利用,以免带入病原。

(三) 矿物质饲料

1. **骨粉** 骨粉含钙、磷较丰富,用量一般可占日粮的1%～2.5%。自制的骨粉,要经过消毒才能利用。

2. **蛎粉** 蛎粉是海产软体动物的外壳粉碎而制成的,含钙量为 38%,可用以补充饲料中钙质的不足。用量可占日粮的 2%～5%。

3. **石灰石粉** 纯净的石灰石主要成分是碳酸钙,钙含量可达 37%以上,在利用这种饲料时,必须除去所含的氟化物。一般用量为日粮的 2%～5%。

4. **食盐** 食盐中钠占 40%,氯占 60%。食盐有助于消化和防止啄癖的作用。一般用量可占日粮的 0.25% ～ 0.4%。对饲喂咸鱼或咸鱼粉的鸭群,应根据鱼粉的含盐量相应地减少饲料中食盐的补充给量,以免发生食盐中毒。

5. **微量元素** 微量元素如铁、铜、钴、镁、锰、锌、硒、硫、碘等,一般在饲料中都含有,不至于缺乏,如果发现有缺乏的表现,可采用添加矿物质添加剂或生长素。

6. **砂砾** 砂砾不是饲料。但由于鸭体消化生理的需要,在饲料中适当添加砂砾(占日粮的 2% ～5%),有助于鸭的肌胃研磨饲料,从而提高饲料的消化率。

(四) 维生素饲料

目前许多鸭场使用多种维生素(禽用复合维生素)来补充饲料中的维生素不足。很多养鸭户、部分小型养鸭场多用青饲料和青干草粉来补充饲料中维生素的不足。青饲料中胡萝卜素和某些 B 族维生素含量丰富,并含有一些微量元素,对鸭的生长、产蛋、繁殖及维持鸭体健康均有良好作用。青饲料在幼嫩期及其绿叶部分含维生素较多,一般用量为精饲料的 50% ～70%。最好将 2～3 种青饲料混合喂饲。

1. **青菜** 白菜、通心菜、牛皮菜、甘蓝、菠菜等青菜,均为良好的维生素饲料。青嫩的牧草、苜蓿菜和树叶等维生素含量也很丰富。一般用量可占精饲料的 10% ～30%。

2. **胡萝卜** 其含有丰富的胡萝卜素,并容易贮存,是晚秋、冬季、早春时期喂鸭的优质维生素饲料。要切碎喂饲,用量可为精饲料重量的 30% ～40%。

3. **水生饲料** 水草含有丰富的胡萝卜素,用水藻喂鸭时,鸭的喙、脚橙黄色,蛋黄颜色鲜浓,鸭体强健,产蛋率和孵化率都高。柳叶藻、金鱼藻等的喂量可为精料重量的 50% ～

100％。水葫芦产量高,质稍粗,适于喂育成鸭和种鸭。要去根打浆或去根切碎再喂,否则易造成消化不良。水花生、水浮莲均可用来喂鸭。

4. **干草类** 干草含有大量的维生素和矿物质,对鸭的产蛋、种蛋的孵化均有良好的影响。苜蓿干草含有大量的维生素 A、维生素 B、维生素 E 等,含蛋白质达 14％左右。其他豆科干草的营养价值大致相同。用干草粉喂鸭,其用量可占精饲料的 10％～20％。

5. **青贮饲料** 青贮饲料保存时间长,营养物质不易损失,是冬季青绿饲料不足时喂鸭的维生素补充饲料,如青贮的胡萝卜叶、甘蓝叶、苜蓿草、禾本科青草等。青贮饲料的适口性稍差,可占精料量的 20％～40％。

6. **维生素添加剂** 在青绿饲料满足不了维生素的情况下,可使用"禽用多种维生素",喂量根据说明书而定。

上述几种常用饲料原料,在配合饲料中所占的比例有其最高限量。麸皮、米糠、碎米均不能超过 15％,胡麻饼、菜籽饼均不能超过 3％,肉粉、骨肉粉均不能超过 7.5％,血粉不能超过 2％,羽毛粉不能超过 2.5％。在调研中,笔者发现有一些鸭场在饲料中过量加入某种成分,因而影响了鸭的生长、发育和繁殖,从而造成了经济损失。

在鸭的饲养过程中,有关饲料的使用要特别注意以下两点。第一,禁止使用发霉、变质的原料和配合饲料。1996 年某饲料厂在鸭料中加入发霉的玉米,从而造成一些鸭场上百万元的经济损失。

第二,禁止使用过期或假冒禽用多种维生素。仅 1993 年和 1994 年 2 年中,笔者接触到的就有 3 个较大的鸭场因使用假冒禽用多种维生素,从而造成每个鸭场损失几十万元的严重后果。

三、鸭的饲料形状

目前饲养鸭的饲料大体采用 3 种形状,即粉料、碎料和颗粒料。

(一) 粉 料

粉料是将各种饲料加工粉碎成粉状,再加上糠麸饲料、维生素、微量元素等均匀搅拌制成的。从营养角度看,粉料的营养比较完善,适于喂雏鸭、种鸭和产蛋鸭。但由于鸭子是边吃料边喝水的,粉料易落到水中使水变浑。另外,喂粉料浪费较多。目前我国多采用湿拌粉料喂鸭。有的地区用干粉料喂鸭会造成很大的浪费。

(二) 碎 料

将各种饲料(玉米、高粱、大麦、小麦、饼类、豆类)分别加工成小的碎块,再混合到一起即成碎料。这种饲料形状比粉料的利用率高,浪费少。

(三) 颗 粒 料

颗粒料是将各种饲料粉碎成面粉状之后,根据鸭子的各个生长阶段(日龄)的不同,制成大小不同的颗粒。喂颗粒料,鸭子没有选择饲料种类的余地,既可保证饲料中的营养,又可减少饲料浪费,增重效果也好。

（四）相同营养水平不同形状的饲料对比试验

试验对象分为两组：一个是颗粒料组，另一个是粉料组。日龄相同的雏鸭每组各200只，网上饲养，自由采食。除料的形状不同之外，其他一切条件均相同。试验期为42日龄。结果如表4-1。

表4-1　不同形状的饲料饲喂北京鸭肉鸭效果统计

组　别	成活率（%）	平均体重（克/只）	平均耗料（克/只）	活重与耗料比
颗粒料组	97.0	3186	7826.77	1:2.457
粉料组	94.5	3044	8006.94	1:2.630

1993年11月至1994年10月北京鸭种鸭试验，在其他营养水平和饲养管理条件均相同的情况下进行料的形状对比试验，从160日龄开始进入试验，每组母鸭415只，公鸭85只，共计500只。其结果如表4-2。

表4-2　不同形状的饲料饲喂北京鸭种鸭效果统计

组　别	入舍种鸭数（只）	成活率（%）	年产蛋量（个）	年受精率（%）	年产蛋率（%）	年耗料（千克/只）
颗粒料组	500	86	256	87.3	70.25	95.28
粉料组	500	84	204	84.3	55.75	107.08

（五）颗粒料的优点

第一，减少浪费，提高饲料利用效率。颗粒料比粉料可节省饲料10%以上。

第二，提高成活率。雏鸭吃颗粒料，由于环境清洁卫生，羽毛不沾饲料，可降低死亡率，提高成活率。

第三,营养均衡,成分稳定,饲料利用效率高,鸭群采食均匀,生长较整齐。

第四,颗粒料制造过程中,大约保持85℃的温度达30秒钟。颗粒料经过热的处理后,既清洁又增加了适口性,还提高了消化率。

(六) 使用颗粒料的注意事项

一是要选择信誉好的厂家,颗粒大小要适中。通常,对于0~3周龄以前的雏鸭,颗粒大小以稻粒大小为宜;对于3周龄以上的鸭,饲料颗粒直径为3~4毫米,长为7~10毫米。

二是颗粒的硬度要好,粉末不能超5%。粉末过多会影响饲料的均匀度。另外,鸭子采食后粉末易粘在容器底部而造成浪费。

三是饲料的色泽要一致,不可有结块、霉变,否则鸭子食用后易中毒发病。

四是颗粒料质量的好坏不是以饲料价格来判定的,而要以食用1千克料能增长多少体重来计算,甚至于要考虑到生长速度和成活率以及鸭群的整齐度。种鸭群要以产蛋率、受精率、孵化率、生产1枚种蛋耗料数量和年鸭群的存活率来评估。

五是当饲槽内有残留的粉料时,一定要让鸭子吃净后再加新料。因为残留的粉料中矿物质元素含量丰富,只有吃净才能使鸭群生长整齐,同时也节省饲料。

六是使用颗粒料,在投药时可先将药溶于水中,再喷洒在颗粒料的表面,尽可能做到均匀投药。

七是盛颗粒料的容器最好是自动料桶或专用料槽,以减少鸟害、鼠害造成的损失,也保持鸭舍内清洁卫生,并便于操作。

四、鸭的营养需要及饲料配方

现将目前国内使用的各种鸭群营养需要和部分饲料配方举例如下。

（一）各种鸭群的营养需要

1. **北京鸭种鸭的营养需要**　北京鸭种鸭的营养需要见表 4-3。

表 4-3　北京鸭种鸭的营养需要

营养成分	产蛋种鸭	0～14 日龄鸭雏	15～35 日龄中鸭	36 日龄后后备鸭
代谢能（兆焦/千克）	11.3～11.7	12.9	12.6	10.9～11.3
粗蛋白质（%）	16～20	22	19.5	13～14
赖氨酸（%）	1.10	1.2	1.1	0.75
蛋氨酸（%）	0.32	0.45	0.34	0.35
蛋氨酸＋胱氨酸（%）	0.68	0.70	0.60	0.54
钙（%）	2.5～3.5	1.1	1.0	1.2
总磷（%）	0.75	0.8	0.78	0.8
有效磷（%）	0.42	0.6	0.53	0.5
食盐（%）	0.4	0.4	0.4	0.4
锰（毫克/千克）	44	55	55	55
锌（毫克/千克）	55	33	33	33

营养成分	产蛋种鸭	0~14日龄鸭雏	15~35日龄中鸭	36日龄后后备鸭
碘(毫克/千克)	0.33	0.35	0.37	0.37
硒(毫克/千克)	0.15	0.15	0.15	0.15
维生素 A (单位/千克)	8820	5513	5713	5700
维生素 D_3 (单位/千克)	882	882	882	882
维生素 E (单位/千克)	11	6.62	4.41	4.41
维生素 K (毫克/千克)	2.21	1.10	1.10	1.10
维生素 B_2 (毫克/千克)	6.62	3.31	3.31	3.31
维生素 B_{12} (毫克/千克)	0.00882	0.00441	0.00441	0.00441
烟酸(毫克/千克)	55	44.1	33	33
泛酸(毫克/千克)	11	8.82	6.62	6.62
胆碱(毫克/千克)	1323	1103	1103	1103
生物素(毫克/千克)	0.10	0.10	0.10	0.10
粗纤维(%)	6~8	2~3	4~5	8~10

2. **北京鸭商品代肉鸭营养需要**　北京鸭商品代肉鸭营养需要见表 4-4。

表 4-4 北京鸭商品代肉鸭营养需要

营养成分	0～14日龄鸭雏	15～35日龄中鸭	36日龄～屠宰育肥鸭
代谢能(兆焦/千克)	12.8	12.7	12.9
粗蛋白质(%)	22	19.5	16～17
赖氨酸(%)	1.2	1.1	1.0
蛋氨酸(%)	0.45	0.34	0.27
蛋氨酸＋胱氨酸(%)	0.70	0.60	0.60
钙(%)	1.1	1.0	1.0
总磷(%)	0.8	0.78	0.75
有效磷(%)	0.60	0.53	0.4
食盐(%)	0.40	0.40	0.40
锰(毫克/千克)	55	55	55
锌(毫克/千克)	33	33	33
碘(毫克/千克)	0.35	0.37	0.37
硒(毫克/千克)	0.15	0.15	0.15
维生素 A(单位/千克)	5513	5713	5713
维生素 D_3(单位/千克)	882	882	882
维生素 E(单位/千克)	6.62	4.41	4.41
维生素 K(毫克/千克)	1.10	1.10	1.10
维生素 B_2(毫克/千克)	3.31	3.31	3.31
维生素 B_{12}(毫克/千克)	0.00441	0.00441	0.00441
烟酸(毫克/千克)	44.1	33	33
泛酸(毫克/千克)	8.82	6.62	6.62
胆碱(毫克/千克)	1103	1103	1103
生物素(毫克/千克)	0.10	0.10	0.10
粗纤维(%)	2～3	5～6	8～9

3. 澳大利亚、马来西亚、南非、美国、丹麦和英国北京鸭种鸭的营养需要 澳大利亚等国北京鸭种鸭营养需要,见表4-5。

表 4-5 澳大利亚、马来西亚、南非、美国、丹麦
和英国北京鸭种鸭的营养需要

项　　目	澳大利亚	马来西亚	南 非	美 国	丹 麦	英 国
能 量 (兆焦/千克)	10.75	11.10～ 11.50	11.81	12.00	12.04～ 12.60	11.30
粗蛋白质(%)	18.00	18.00～19.00		16.00	16.50	19.50
赖氨酸(%)	0.72	1.00	0.86	0.79	—	1.10
蛋氨酸(%)	0.48	0.40	0.35	0.34	—	—
蛋氨酸＋ 胱氨酸(%)	0.84	0.74	—	0.62	—	0.68
苏氨酸(%)	—	0.70		0.57		
色氨酸(%)		0.22	0.20	0.17		
钙(%)	2.75	3.50	3.00	2.85	2.50	3.50
可利用磷 (%)	0.50	0.43	0.42	0.35	0.40	0.45

注:本表是笔者1994年由英国带回来的材料

4. 半番鸭的营养需要 半番鸭的营养需要,见表4-6。

表 4-6 半番鸭的营养需要

营　　养	0～21日龄	22～70日龄
粗蛋白质(%)	18.5	15～16
代谢能(兆焦/千克)	11.7	12.1
钙(%)	0.70	0.75
总磷(%)	0.65	0.65

营　　养	0～21 日龄	22～70 日龄
有效磷(%)	0.40	0.40
食盐(%)	0.40	0.40
锌(毫克/千克)	50	65
锰(毫克/千克)	50	60
硒(毫克/千克)	0.15	0.15
赖氨酸(%)	1.06	0.85
蛋氨酸+胱氨酸(%)	0.65	0.54
维生素 A(国际单位/千克)	8000	7000
维生素 D_3(国际单位/千克)	1200	1200
维生素 E(国际单位/千克)	12.5	10
泛酸(毫克/千克)	11	10
烟酸(毫克/千克)	50	45
胆碱(毫克/千克)	1000	1000
粗纤维(%)	4.0	5～6

(二) 饲料配方举例

1. 北方地区北京鸭不同日龄饲料配方　见表 4-7。

表 4-7　北方地区北京鸭不同日龄鸭群的饲料配方(%)

饲料原料	0～14 日龄	15～35 日龄	36日龄～出售肉鸭	36日龄开始后备鸭	开产～50%蛋	种 鸭
玉 米	59.5	60.0	64.5	51.5	51.1	47.1
豆 粕	27.0	23.0	15.0	15.0	20.0	26.0
菜籽饼	2.0	4.0	0	3.0	3.0	3.0
棉籽饼	2.0	3.0	3.0	3.0	0	0
胡麻饼			7.0	7.0	7.0	3.0
酵母粉	4.0	2.0	2.0	2.0	0	0
麸 皮	0	5.0	5.0	10.0	12.0	12.0
米 糠	0	0	0	5.0	0	0
进口鱼粉	3	0	0	0	2.0	3.0
骨 粉 (磷13.5%)	1.5	1.5	1.5	1.5	1.5	1.5
贝壳粉	0	1.2	0.6	0.6	2.0	2.0
石灰石粉	0.7	0	1.0	1.0	1.0	2.0
盐	0.3	0.3	0.4	0.4	0.4	0.4
合计	100	100	100	100	100	100
代谢能 (兆焦/千克)	12.48	12.1	12.17	11.23	11.46	11.31
粗蛋白质(%)	22.0	19.2	17.21	16.0	19.47	20.88
粗纤维(%)	2.5	3.0	3.2	4.0	3.0	3.5
钙(%)	0.75	1.0	0.80	1.20	1.84	2.5
有效磷(%)	0.46	0.41	0.54	0.45	0.44	0.44
蛋氨酸(%)	0.36+ (0.10)	0.28+ (0.13)	0.28+ (0.12)	0.211+ (0.139)	0.35+ (0.39)	0.344+ (0.416)
赖氨酸(%)	1.20	1.18	0.947	1.03	1.08	1.23

说明：①蛋氨酸＋(××)是在饲料外另加的数字,(＋)以前的数是饲料中含量

②多种维生素和微量元素按照商品说明书另外加入

2. 南方地区北京鸭不同日龄的饲料配方 见表4-8。

表4-8 南方地区北京鸭不同日龄的饲料配方(%)

饲料原料	0~21日龄	22~35日龄	36日龄~上市	种鸭
玉 米	63.25	64.4	67.9	56.5
大豆粕	24.0	18.0	16.0	21.0
进口鱼粉	2.0	—	—	3.0
肉骨粉	—	—	—	2.0
油 脂	1.0	1.0	1.2	2.0
麸 皮	—	7.0	6.0	—
玉米细糠	—	—	—	2.0
次 粉	7.0	7.0	6.0	5.0
石 粉	0.8	0.8	0.9	3.0
蛎 粉	—	—	—	3.0
磷酸氢钙	1.0	1.0	1.2	1.6
食 盐	0.3	0.3	0.3	0.3
赖氨酸	0.07	—	—	0.05
蛋氨酸	0.08	—	—	0.05
预混物*	0.5	0.5	0.5	0.5
合 计	100	100	100	100
营养成分 粗蛋白质(%)	21.6	16.7	15.5	20.6
代谢能 (兆焦/千克)	12.48	12.06	12.59	11.46
钙(%)	1.0	0.9	0.9	2.9
有效磷(%)	0.43	0.38	0.38	0.58
赖氨酸(%)	1.08	0.76	0.72	1.02
蛋氨酸(%)	0.74	0.51	0.48	0.8

说明:①预混物按不同日龄的鸭添加多种维生素和微量元素
②无次粉的地方要相应地加入其他饲料如玉米等

3. 公番鸭采精期及母番鸭繁殖期间饲料配方　见表 4-9。

表 4-9　公番鸭采精期及母番鸭繁殖期间饲料配方　（%）

饲料原料	公番鸭采精期	母番鸭繁殖期
玉　米	66.0	65.0
大豆粕	15.5	17.0
进口鱼粉	1.0	1.0
酵母粉	1.0	—
麸　皮	8.0	6.0
稻　壳	5.4	—
次　粉*	—	3.0
石　粉	1.0	3.0
蛎　粉	—	2.5
磷酸氢钙	1.2	1.6
食　盐	0.3	0.3
赖氨酸	0.05	0.05
蛋氨酸	0.05	0.05
预混物**	0.5	0.5
合　计	100	100
营养成分 粗蛋白质(%)	14.2	16.5
代谢能(兆焦/千克)	11.56	11.51
钙(%)	0.9	2.8
有效磷(%)	0.4	0.55
赖氨酸(%)	0.71	0.82
蛋氨酸(%)	0.56	0.68

*无次粉可相应地加入其他饲料如玉米；**预混物按照多种维生素和微量元素需要量添加

4. 肉用番鸭及半番鸭饲料配方 见表4-10。

表4-10 肉用番鸭及半番鸭饲料配方 （%）

饲料原料	0～21日龄	22～49日龄	50日龄～上市
玉　米	65.0	70.0	71.5
大豆粕(44%)	25.47	19.7	18.0
麸　皮	-	5.0	-
次　粉*	4.0	-	5.0
进口鱼粉	2.0	-	-
粗　糠	-	2.0	2.0
石　粉	1.2	1.2	1.2
磷酸氢钙	1.4	1.3	1.5
食　盐	0.3	0.3	0.3
赖氨酸	0.05	-	-
蛋氨酸	0.08	-	-
预混物**	0.5	0.5	0.5
合　计	100	100	100
营养成分			
粗蛋白质(%)	19.0	16.5	15.2
代谢能(兆焦/千克)	11.93	12.07	12.64
钙(%)	0.91	0.90	0.90
有效磷(%)	0.42	0.41	0.42
赖氨酸(%)	0.94	0.80	0.73
蛋氨酸(%)	0.62	0.56	0.52

* 无次粉可相应地加入其他饲料如玉米；** 预混物以番鸭维生素和矿物质的需要量添加

第五章　北京鸭的饲养管理

一、雏鸭的饲养管理

从孵出到 21 日龄(有的地区为 28 日龄)的鸭子叫雏鸭(也叫鸭黄、鸭苗)。刚出壳的雏鸭,全身生有纯黄色的绒毛,身体弱小娇嫩,适应外界条件的能力差,而且食量比较小,消化吸收的能力也较低,这就要求喂给营养丰富、容易消化的饲料,并要做好保温工作,以利于雏鸭的正常生长发育。

(一) 雏鸭的饲养

1. **饮水**　雏鸭出壳后 24～26 个小时要饮水。给水的方法有以下几种:一是将雏鸭装在竹筐内,轻轻放入水面 3～5 分钟,让鸭脚浸入水中,并任意饮水;二是往雏鸭身上喷少量的温水,让雏鸭互相啄食身上的水珠;三是直接将雏鸭放在 3 厘米深的水盘(槽、盆等)中,使之边在水中活动边喝水。这样雏鸭受到水的刺激,会变得活泼起来,而且饮水也有利于体内废物的排出和残余蛋黄的吸收。北方地区天气比较寒冷,出壳后头几天的雏鸭要饮温水。无论采用哪种饮水方法,水都不要过深,否则,在人不注意时会淹死雏鸭。

饲养雏鸭数量多的鸭场,更应供给充足新鲜的饮水。一般每 250 只雏鸭需要 2 米长的水槽,水槽的高度以雏鸭能不费劲地喝到水为宜,有条件的用小型塑料饮水器。

2. **喂料**　雏鸭饮水之后要立即给料。7 日龄以内的小雏鸭,每 100 只可用长、宽各 45 厘米,高 2 厘米的料盘给饲;7 日龄以后每 250 只雏鸭用 3 米长的料槽喂饲。也可用给料桶给料。个体养鸭户,在雏鸭 7 日龄前应喂一些半熟的料,以助消化。有条件的地区,可喂一些煮熟的蛋黄,约每 20～30 只雏鸭每天给 1 个熟蛋黄,可将熟蛋黄与半熟的碎米拌好之后再喂。国内大部分养鸭场,7 日龄前雏鸭喂碎的颗粒料。7 日龄以后到 21 日龄喂颗粒料。颗粒大小为直径 2～3 毫米,长为 4 毫米。如果喂粉料,10 日龄前每天喂食 7～8 次,采用少给勤添的办法,从第五天开始给一些幼嫩青饲料。10 日龄开始每天喂食 4～5 次,饲料中应逐渐加入少量的糠麸类和切碎的小鱼、蝌蚪、蚯蚓、蚕蛹等。俗语说:"鹅吃青,鸭吃腥"。养鸭子一定要适当喂一些动物性饲料。

在有条件而且较温暖的地区,当雏鸭长到 10～15 日龄即可开始放牧饲养,放牧的时间要由短到长,地点要由近到远,随雏鸭日龄的增大而增加,一般上、下午各放牧 1 次。在没有放牧条件或天气比较寒冷的地区,也要定时将雏鸭赶至运动场晒太阳或轰赶行走。放牧归来后,要根据自然饲料和雏鸭采食情况,适当补喂一些饲料,一般每天要补饲 5～6 次,以保证雏鸭的生长发育。

3. 采食量　北京鸭及其他肉用品种雏鸭每天给料量为:开食后第一天 5 克,第二天 10～15 克,第三天 15～20 克,第四天 22～26 克,第五天 31～35 克,第六天 38～45 克,第七天 50 克～55 克。以上 1～7 天内,每只雏鸭总计应喂饲料 169～196 克。7 日龄小雏鸭体重达到 180～200 克。7 天以后每天给每只雏鸭增加饲料 5～15 克,8～14 天每只雏鸭总计需要 814～876 克饲料,14 日龄雏鸭的平均体重为 500～600 克。15～21 天,每天每只雏鸭需要 130～190 克饲料。21 日龄平均每只雏鸭体重 1.1~1.2 千克。从出壳到 21 日龄，每只雏鸭共需1.7~2 千克饲料(表 5-1，表 5-2)。

表5-1　北京鸭1~21日龄每日给料量

粉　　料		颗　粒　料	
日　　龄	给料量(克/只)	日　　龄	给料量(克/只)
1	4	1	5
2	11	2	12
3	14	3	18
4	22	4	26
5	31	5	35
6	38	6	45
7	49	7	55
8	56	8	64
9	69	9	81
10	80	10	88
11	93	11	95
12	106	12	108
13	116	13	117
14	125	14	127
15	137	15	133
16	151	16	163
17	157	17	178
18	169	18	180
19	177	19	189
20	180	20	198
21	187	21	199
合　计	1972	合　计	2116

表 5-2　生长速度与饲料报酬

周　龄	颗　粒　料		粉　料	
	体重(克)	活重料比	体重(克)	活重料比
1	200	1:0.92	180	1:0.95
2	630	1:1.36	550	1:1.51
3	1260	1:1.67	1140	1:1.74

(二) 雏鸭的管理

雏鸭的管理是一项细致的工作。应严格执行操作规程,创造最佳环境条件,使雏鸭正常生长发育。

1. 育雏的方式和密度　室内育雏一般有以下几种方式。

(1) 火炉育雏　根据育雏室的大小和所育雏鸭的数量决定安装炉子的数量及其布局。一般可按 1 个火炉育 500 只雏鸭配置。如果在炉子上部装有用镀锌板制成的伞罩,其保温效果更好。这种方式育雏,目前在我国采用得比较普遍,其雏鸭饲养密度为每平方米 15～20 只。

(2) 火炕育雏　在育雏室内用土坯或砖砌成火炕,可采用各种燃料,如柴草或煤。火炕育雏的优点是,炕面温暖干燥,操作方便,育雏效果好。其缺点是房舍的实际利用面积较小。饲养量较小的鸭场可采用这种方式。其雏鸭饲养密度为每平方米 15～20 只。

(3) 电力给温伞育雏　在育雏伞下安装电热丝或红外线灯给温。这种给温方式的优点是管理方便,节省人工,容易保持室内清洁。但是投资较高,供电一定要有保证。电力给温伞育雏适于规模大的养鸭场使用。其饲养密度为每平方米 18～20 只雏鸭。

（4）**网上育雏** 即将雏鸭养在距地面80～90厘米、网眼大小适中（以鸭脚不漏下为好）的铁丝网上。热源供给用火炉或暖气均可。有的地区用条距宽度适当的竹木条床，再放上1层塑网，每2.5～3平方米为1格，每格以饲养150～200只雏鸭。网上育雏有利于室内保温，通风良好，雏鸭成活率高。而且鸭粪能随时由网孔或条缝落到地面上，可减少疾病的发生。北京地区近几年的实践证明，网上育雏的成活率比平地育雏提高6%～7%。

（5）**火炕及网上育雏相结合** 这种育雏方式兼备两种育雏方式的优点。火炕上给温，网上给料和水。密度为每平方米30～40只。

（6）**草囤和席篓育雏** 这种形式适用于养鸭数量少，燃料缺乏的地区采用。其优点是成本低，保温性能好。草囤是一种用稻草编织而成、形似大鼓状的容器。草囤（图5-1）的壁厚5～7厘米，其盖上留1个孔，作为通气孔。草囤的大小及数量的多少应根据饲养的雏鸭数量来定。

使用前将囤底铺以干垫草，然后将草囤放在热炕上或炉火附近烘暖，再将刚出壳的雏鸭放在囤里，上面蒙1块布，盖上盖，最后将草囤子放在热炕上或距火较近的地方饲养。鸭雏在草囤里饲养4～6天，移入用芦苇或高粱秸编制成的席篓（图5-2）中饲养。篓壁较薄，缝隙很多，上口圆形，下底为方形，好似小口瓮（没有盖）。使用时先将篓底垫一层干垫草，然后将雏鸭放到篓中。篓的大小决定于所装雏鸭只数，最好每篓不超过50只。在席篓中饲养到15～20日龄，就可放到铺有垫草的地面上饲养。落地饲养10天后就进入中鸭阶段。

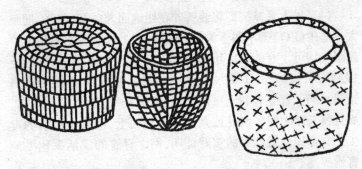

图 5-1　草囤示意图　　　　**图 5-2　席篓示意图**

（7）竹罩育雏　一般在南方使用这种方法。竹罩的直径40厘米,高30厘米,罩上再盖布或塑料袋,保温良好(图5-3)。每个罩内可放20~30只雏鸭。如果在冬季使用,可放入1个20瓦的灯泡。

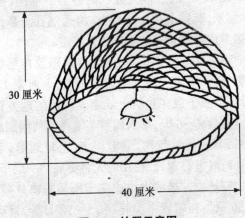

30厘米

40厘米

图 5-3　竹罩示意图

无论是上述哪种育雏方式,雏鸭的密度是随着日龄的增加而减少。到21日龄,网上育雏每平方米12只,地面育雏

10只。否则,影响生长。

2. **育雏的适宜温度**　保温是人工育雏的首要条件。雏鸭个体小,绒毛稀,特别是刚出壳的雏鸭,周身毛孔张开,体温调节功能较差,适应外界环境条件的能力较低。如环境温度过低,雏鸭容易着凉腹泻;温度过高,容易引起感冒和其他呼吸器官疾病。所以,只有在一定温度条件下,雏鸭才能正常生长发育。

育雏室内的温度,应随雏鸭日龄的增长和外界温度的变化而变化。1～7日龄,29℃～31℃;8～14日龄,27℃～29℃;15～21日龄,22℃～25℃;22～28日龄,19℃～21℃。

夜间外界温度较低,雏鸭又处在睡眠状态,温度应比白天高1℃～2℃。雏鸭在寒冷条件下喜欢互相拥挤在一起,堆压而引起呼吸困难,甚至造成死亡。

随着雏鸭日龄的增大和新生羽毛覆盖面的扩大,对鸭舍应逐渐减少给温。可在天气晴朗、阳光充足时将雏鸭放到室外,以使之早日接触阳光和新鲜空气,同时使之经受寒冷的锻炼,提高抵抗能力。开始时要先打开门窗,缩小室内外温差,然后再将鸭赶出去。不可突然地将雏鸭由温暖的室内赶到室外运动场上,以防引起感冒。

3. **洗浴**　雏鸭生来就有爱玩水的习性。在气温达15℃以上时,雏鸭出壳后3～4天,就可以放在室内浅水池中或有水的大盆中洗浴3～5分钟,以羽毛不浸湿为限度。洗完之后,最好放在阳光下休息一会儿,待其将羽毛整理好后,再放回网床上或篓内。10日龄以后,在天气暖和的条件下,可放在运动场上或天然浅水池中洗浴。

4. **光照时间及强度**　光照时间:1日龄,光照时间24个小时;2～7日龄,每天减少1个小时光照;8～9日龄,每天减少 2 个小时光照;10 日龄以后,自然光照。光照强度:0~3 日龄,5.4 瓦/平方米;4~35 日龄,2.7 瓦/平方米。

二、中鸭的饲养管理

从 22 日龄至 35 日龄的鸭子叫中鸭,又叫中雏。中鸭期是鸭子生长发育迅速的时期,主要是长骨骼、肌肉和羽毛。北京鸭中鸭一般后期体重约 1.95 千克。

中鸭对环境条件有较强的适应性,可在常温下饲养。不过,开始由雏鸭转到中鸭时,要有个过渡阶段,即在前 3~5 天,应将雏鸭饲料逐渐换成中鸭饲料。北京鸭中鸭每天的采食量为 0.185 千克。在整个中鸭阶段,每只鸭需要饲料约4.5 千克。

(一) 中鸭的饲养方式

1. **圈养(棚养、舍饲)** 没有放牧条件的鸭场或短期内育肥的鸭子,可采用圈养方式饲养中鸭。

(1) **饲养** 这个阶段的饲料以青、粗料为主,适当加入精饲料和动物性饲料,并且满足其对矿物饲料和维生素饲料的需要。

中鸭每天可定时喂饲 4 次。有条件的地区可喂直径为4~6毫米,长 8~10 毫米的颗粒料,最好是常备。每 350 只中鸭为 1 群,配备长 10 米的料槽 1 个,饲料可随食随放。如果是定时给料,就要再加 1 个 6 米长的料槽。

还要供给中鸭以充足的饮水。圈内可设 1 个 10 米长的水槽。要把水槽放在网上,网下设有下水道,以防止垫草被水浸湿。

（2）管理　中鸭比雏鸭易管理,要求圈舍条件比较简易,只要有防风、防雨设备即可。但圈舍一定要保持干燥,寒冷季节应铺干草,夏季应铺垫干沙土。每天喂料后要将中鸭放到河中或人工造的水池中洗浴,以促使鸭子加强身体锻炼,长肌肉,减少脂肪沉积。

中鸭的饲养密度一般为每平方米8～9只。圈舍内要经常保持清洁和空气新鲜。

2. **放牧饲养**　放牧饲养不仅可以增强体质、锻炼中鸭适应自然环境和觅食的能力,而且对农作物也能起到中耕、除草、除虫和施肥的作用。在水草繁茂季节或地区放牧的鸭,能够充分得到自己所需要的动植物性饲料,吃得好,吃得饱,放牧归来后可不必再补其他饲料。在水草及其他动植物性饲料不足的季节或地区放牧时,傍晚一定要补饲。在缺少水源的场地放牧时,一定要带足饮水,以供中鸭饮用。

放牧时应注意的事项：①一定要了解牧地情况,不能在刚施过农药、化肥的地点放牧,否则易引起鸭子中毒;②在天气炎热季节,只能在清晨或傍晚放牧,而且要就近放牧,以防中暑;③在有风天气,应逆风而放,这样鸭毛不会被风揭开,鸭体不至于受凉;④如在水中放牧,以逆水放牧为好,以便于中鸭觅食;⑤夏季中午在水中放牧时,不要让鸭子在水中停留。

3. **养鱼与养鸭相结合**　国内外有很多地区,多半是将中鸭饲养在鱼池边上的鸭棚中。鸭的粪便可作鱼的补充饵料,同时,鸭在鱼池中活动也起到增氧作用,可以增加鱼的产量。

（二）给　料　量

北京鸭中鸭每日给料量见表5-3。

表 5-3　北京鸭中鸭每日给料量

粉　料		颗粒料	
日　龄	给料量(克)	日　龄	给料量(克)
22	188	22	202
23	203	23	212
24	214	24	218
25	218	25	222
26	223	26	232
27	224	27	233
28	228	28	235
29	230	29	239
30	235	30	240
31	241	31	245
32	243	32	248
33	246	33	249
34	250	34	250
35	252	35	251
合　计	2994	合　计	3276

（三）光　照

在冬季北方地区,每天光照时间达不到 10 个小时。在舍内每平方米要加 2.7 瓦的光照。

三、肥育鸭的饲养管理

36日龄至出售或屠宰期间的鸭子称肥育鸭。肥育的目的是为了在短时间内迅速增加鸭的体重,改善肉的品质,提高经济价值。

(一) 肥育方法

1. **放牧肥育** 这种方法多为南方地区采用,是一种较为经济的肥育方法。一般多在立秋前1个月左右饲养雏鸭,养到50～60日龄时,体重已达到1～1.25千克,此时正是水稻收割时期,便可放于稻茬田肥育。经25～30天的放牧,体重可达2.5千克,即可出售屠宰。放牧期如果吃不饱时,一定要补喂一些饲料。

2. **圈养(舍饲)肥育** 一般无放牧条件的地区多采用这种方法肥育。肥育的时间约10～15天。饲养密度为每平方米3～4只。饲料要以容易消化的碳水化合物饲料为主,如玉米、高粱、大麦米(无硬壳的大麦)、碎米、次稻谷、糠麸、秕麦和瓜果、块根类,并适当搭配蛋白质饲料和少量的青饲料。北京鸭肥育鸭的给料量见表5-4,北京鸭肥育鸭6～8周龄的生长速度与饲料报酬见表5-5。此外,还应有充足的饮水和安静的休息环境。

3. **网上肥育** 是圈养的另一种形式。
网上肥育的一般管理同中鸭。

最好的屠宰时间是42～53天,此时屠宰效果最佳,胸、腿肉率高,脂肪率低。超过56日龄屠宰,饲料报酬降低。北京地区是42～49天屠宰。

表 5-4　北京鸭肥育鸭 36~49 日龄给料量　（单位：克）

粉　料		颗　粒　料	
日　龄	给料量	日　龄	给料量
36	254	36	253
37	255	37	264
38	260	38	278
39	266	39	278
40	279	40	278
41	287	41	278
42	288	42	278
43	293	43	278
44	295	44	278
45	295	45	278
46	295	46	278
47	295	47	278
48	295	48	278
49	295	49	278

表 5-5　北京鸭肥育鸭 6~8 周龄的生长速度与饲料报酬

周　龄	颗　粒　料		粉　料	
	体重(克)	活重料比	体重(克)	活重料比
6	2950	1:2.49	2850	1:2.59
7	3180	1:2.77	3110	1:2.97
8	3387	1:3.07	3310	1:3.31

4．填喂催肥 用人工的方法给鸭强制喂料，以达到肥育的目的，即为填喂催肥。可分为手工填肥和机器填肥两种。

（1）手工填喂催肥 手工填喂催肥多用于养鸭少的鸭场。饲料种类为玉米、高粱、次面粉和面粉等共占 70％～80％，糠 15％～17％，豆饼（油饼类）5％，矿物质（骨粉、蛎粉、饲用石灰石粉）2％～3％，食盐 0.3％～0.5％。不能掺有青菜，全部由粮食和粮食的副产品组成。另外，在饲料里不能加鱼粉或催肥的药物，如果加了这些东西，鸭肉就会带有腥味。将上述饲料混合之后，加入开水搅匀，加工成面糕状（软硬适度）。再用手将其搓成长 4～6 厘米、粗 1～1.5 厘米（根据鸭子大小，可适当加大或缩小）两端略呈钝圆的圆柱形剂子（500克混合饲料可做 20 个剂子），待放凉后再进行填喂。

① 填喂量和次数 每天填喂 2 次，每隔 12 个小时填喂 1 次。开始 2～3 天，每次填喂 4～6 个剂子（100～150 克）；4～7 天，每次填喂 7～10 个剂子（200～250 克）；8～12 天，每次填喂 11～12 个剂子（约 300 克）；13～18 天，每次填喂 14～15 个剂子（约为 350 克）；19～25 天，每次填喂 18 个剂子（约 450 克）。填喂时要根据鸭的消化情况来增减剂子的数量，不要增加得太快。发现有消化不良症状时，应少喂或停喂。

② 填喂方法 填喂时，要把待填的鸭子装到笼内，人坐在其右后方，与笼的距离以左手能够方便捉取鸭子为度。人的右前侧放置盛有剂子的筐和水盆。填喂的人用左手提取鸭子，要轻轻地提取鸭子颈下部食道膨大部（俗称嗉囊），以免鸭子挣扎造成伤残。将鸭子固定在两腿之间。右手轻拢鸭子的前胸部，以左手拇指和中指从头部两侧插入鸭嘴，将鸭嘴分开，食指压着鸭舌。用右手的拇指和中指拿 1 个剂子，蘸水后塞入鸭嘴，再用食指把剂子推进食道。每填 2～3 个剂子后，

即以右手拇指在内侧、食指在外侧,由鸭颈部贴着食道,从上向下捋剂子,使其进入食道的下方。这样反复操作直到填够定量。熟练的人员,每小时可填喂 70~80 只。

填鸭圈内要保持经常有饮水,冬季应防止鸭子饮结冰的水。填后 2~3 个小时要进行洗浴,以助消化。洗浴次数和时间要根据天气情况而定,每次洗浴时间以 7~8 分钟为宜。洗浴后要将鸭子赶到背风朝阳处,使其取暖理毛,夏季要赶到阴凉通风处。鸭舍内外,每天要清扫,要勤换垫草或干沙土,使鸭子有一个舒适的环境休息。在填肥期间,其前后增重的速度是不同的,一般是前期慢后期快。如果填喂催肥期 20 天,前 10 天增重 0.5 千克,后 10 天增重 0.8 千克。其原因是前期鸭刚从自由采食突然转入填喂,需要有一个适应过程,特别是刚开始 2~3 天增重很少。北京鸭体重达 1.85 千克时开始填喂催肥,经 10~15 天体重可达 2.85 千克。

(2) 机器填喂催肥 规模较大的鸭场多采用机器填喂催肥。饲料成分中 70%~80% 是碳水化合物饲料,5%~10% 为油饼类,5%~10% 为糠麸类,3%~4% 为矿物质。有的地区还掺入 5%~10% 的碎沙粒。将上述各种饲料(粉状)混合后加水调制成糊状(粥状)。冬季饲料可稍干些,夏季稍稀些。将调制好的饲料装入填鸭器的料箱中,由填食胶管压进鸭的食道。因为这种混合饲料是糊状的,比人工填的干剂子易消化,所以 1 昼夜要均衡地填 4 次;填喂量也是由少到多,逐渐增加。一般用手压式填饲机(图 5-4)填鸭,每人每小时可填鸭 400~500 只。用电动式填饲机(图 5-5)填鸭,每人每小时可填鸭 800~900 只。其他管理工作同手工填喂催肥。

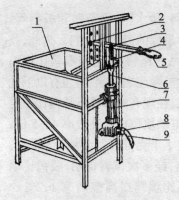

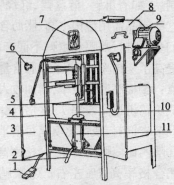

图 5-4 手压式填饲机示意图
1.饲料箱 2.调节螺钉 3.压杆
　螺钉 4.调节孔 5.压杆
6.活塞杆 7.活塞筒 8.固定螺钉
9.橡胶软管(内径 1.5～2 厘米,
　　长 10～13 厘米)

图 5-5 电动填饲机示意图
1.脚踏开关 2.橡胶软管 3.门扇
4.电线 5.饲料箱 6.指示灯
7.透视窗 8.铁板罩 9.电动机
　10.活塞杆 11.活塞筒

(二) 肥育鸭的管理

在肥育期要为鸭子创造适宜的外界条件,如适宜的温度、光照强度、良好的卫生环境和充足的饮水等,以满足鸭子的生理要求,促使其增重快。肥育鸭的密度为每平方米 5 只。每天一般为自然光照。夜间人工光照度为 15 勒(每平方米 1.8 瓦)。

(三) 北京鸭喂饲与填饲的产品比较

当前,首都市场销售的商品肉鸭大多数是北京填鸭,只适合作烤鸭原料用。但目前,除烤鸭外,有的饭店和北京鸭熟食加工点,以及多数家庭,需要其他方法加工烹制美味可口的鸭制品,如香酥鸭、清蒸鸭、红烧鸭、盐水鸭、樟茶鸭和板鸭等。这些制品需用瘦肉率高、脂肪含量低的肉鸭作原料。为此,我们多次进行喂鸭和填鸭不同产品的比较,结论是喂鸭比填鸭提高了瘦肉率,降低了脂肪含量。除此之外,喂鸭还有以下优点:①提高劳动效率,增加收入,在现有的条件下喂鸭比手压式填鸭机提高效率7~8倍,比电动填鸭机提高效率4~5倍;②节省饲料,喂鸭比填鸭每增重1千克可节省饲料0.8千克;③喂鸭比填鸭伤残少,合格率高,经多次试验证明,喂鸭比填鸭合格率高7%左右;④喂鸭比填鸭提高瘦肉率1.2%~1.4%,降低脂肪率3%~7%。

由于喂鸭瘦肉率高,脂肪低,加工出来的成品不肥不腻,深受用户欢迎。

总的来说,喂鸭比填鸭饲料报酬高,劳动效率高,成本低。用这种鸭作原料加工名优食品的成品率高,适合市场的需要,是一项很有前途的事业。

四、后备鸭(育成鸭)的饲养管理

从36日龄到产蛋前这一阶段的鸭子,称后备鸭(育成鸭)。

(一) 后备鸭的饲养

为防止后备鸭过早的成熟,在这个时期可采用限制饲养。

圈养时要以粗、青饲料为主,适当地加入精料。要加强洗浴和运动,使后备鸭经受各种外界条件变化的锻炼。圈舍内一定要保持干燥、清洁,通风良好。饲养密度为每平方米4~5只。

有条件的地区要以放牧为主,以充分利用天然饲料。根据放牧时后备鸭觅食情况,晚上可再补给一些混合饲料。放牧时的注意事项与中鸭相同。

无论采用哪一种饲养方式,在母鸭开产前 1 个月都应加强饲养,逐渐增加饲料喂给量,使母鸭的开产日龄达到该品种要求的标准。

每群 250～350 只,公母比例 1∶5。限制饲喂,可采用限量不限质和限质不限量两种方法。

限质不限量指在混合料中糠麸占精料的 35%～45%,每天的饲料量为 225～250 克。

限量不限质指每天饲料量约为 170～180 克。可根据体重适当调整(表 5-6)。

表 5-6 北京鸭留种雏鸭及后备鸭喂料量 (单位:克)

日　龄	给料量/只	累计耗料
1	5	5
2	11	16
3	16	32
4	21	53
5	27	80
6	32	112
7	37	149
8	43	192
9	49	241
10	55	296
11	62	358
12	68	426
13	75	501
14	81	582
15	88	670
16	95	765
17	101	866

日　龄	给料量/只	累计耗料
18	107	973
19	115	1088
20	122	1210
21	128	1338
22	135	1473
23	142	1615
24	149	1764
25	156	1920
26	161	2081
27	167	2248
28	173	2421
29～140	170～180	21461～22581

　　后备鸭阶段每周要随机抽样称重,公母鸭各抽样 5%,根据体重状况,及时调整营养水平或调整饲喂量(表 5-7)。

表 5-7　北京鸭种鸭体重标准

周　龄	母鸭(千克/只)	公鸭(千克/只)
4	1.4	1.6
5	1.65	1.9
6	1.85	2.2
7	2.1	2.6
8	2.3	2.8
9	2.45	2.95
10	2.55	3.05
11	2.6	3.1
12	2.7	3.15
13	2.75	3.2
14	2.8	3.25
15	2.85	3.3
16	2.9	3.35
17	2.95	3.4
18	3.0	3.45

周 龄	母鸭(千克/只)	公鸭(千克/只)
19	3.05	3.5
20	3.1	3.55
21	3.15	3.6
22	3.2	3.65
23	3.25	3.7
24	3.3	3.75

注:标准体重的±2%之内属正常范围,超出此范围应及时调整饲喂量,以保证后备鸭体重得到有效控制

满 20 周龄后将育成料逐渐改为种鸭料,改料同时增加 10%的给料量。例如,19 周时每只鸭日喂量为 170 克,那么 20 周龄的喂料量为 187 克(170+170×10%=187 克)。

当鸭群产第一个蛋后,再提高喂料量 15%,即 187+187×15%=215。2 周后开始自由采食。

(二) 光照时间和光照强度

一般用自然光照。北京鸭 120 日龄时光照 13 个小时,140 日龄时光照 15 个小时。一般都在开产前 1 个月开始逐步增加光照时间。人工光照为每平方米 2.7 瓦。

五、种鸭的饲养管理

后备鸭养到 150 日龄,即转入种鸭舍。如留种用,需搭配公鸭,组成种鸭群。这个时期,鸭子从饲料中摄取的营养除供鸭体本身的生命、生活需要外,还要供给蛋形成的需要,为此应加强种鸭的饲养管理。在配合饲料中应多加一些含蛋白质、矿物质丰富的饲料;在管理上要给予种鸭一个安静、舒适

的环境,满足鸭子的一切需要,促使多产蛋。

(一) 种鸭的饲养

种鸭的饲养有两种方式:一种是以放牧为主,适当补饲;另一种是舍饲(圈养)。

1. **放牧饲养**　一年四季因气候不同,天然饲料生长期不同。所以,放牧的时间、地点均不同。俗话说:"春放阳,夏放凉,秋放收割后的稻谷茬,冬放背风朝阳籽粒丢失多的好牧场。"

(1) **春季**　春季气温回暖,天然饲料逐渐增多,又正是母鸭产蛋的旺季。这时要延长放牧时间,早出晚归,找好牧场。

(2) **夏季**　夏季正是水生动植物繁殖旺盛时期,一般在好的牧地放牧,鸭子都能吃饱。如发现有吃不饱的现象,晚上归牧后要补一些混合饲料。初夏天气还不十分炎热,母鸭产蛋量能维持较高水平。盛夏季节,如放牧不良,产蛋量就要下降。因此,夏季放牧要放凉,即在早晨和傍晚气温较低时放牧,中午将鸭群赶到阴凉通风处休息和理毛。一般无雨天气,鸭应在运动场上过夜。

(3) **秋季**　秋季天气凉爽,是一年之中母鸭的第二个产蛋旺季。由于春季已产过一期蛋,鸭子体质有所下降,秋季的天然饲料又较春季的为少,所以要多找放牧场地并适当补喂饲料。特别是晚秋,要加强补饲。

(4) **冬季**　一般北方鸭群不再进行放牧,南方还可继续放牧。冬季由于天气寒冷,野菜、野草和水草等已基本干枯,放牧地缩小了。所以,放牧要晚出早归,要放背风朝阳、植物子实丢失多的好牧场。为使鸭子冬季仍然产蛋,一定要加强补饲,一般1天补3次,早晨、中午可少补,晚上补料要充足,让鸭子吃饱。而且饲料营养要丰富,舍内要保温,地面要清洁、干燥。

2. 舍饲(圈养) 舍饲的种鸭对饲料要求比较严格。饲料种类要多,营养成分要全面,适口性要好。这样才能使鸭多产蛋、产好蛋,提高受精率、孵化率,孵出强壮的鸭苗。

北京鸭一般一昼夜应均衡喂料 3 次,每只鸭每天喂给混合饲料 225～250 克。提倡不用粉料而用颗粒料。

母鸭在产蛋季节代谢旺盛,对饲料成分的变化很敏感。因此,不要轻易地改变饲料。一旦要改变时,应由少到多逐渐改变,使鸭有个适应过程,以免产蛋量下降。

在种鸭的饲养过程中,还应注意防止母鸭过肥。母鸭过肥可造成产蛋量下降,甚至会停止产蛋。发现种鸭过肥时,可在日粮中增加一些青绿饲料和糠麸类,减少碳水化合物饲料的供给量。同时,还应加强运动和洗浴。

(二) 种鸭的管理

1. 冬季要防寒,夏季要防暑 鸭子一般对寒冷的抵抗力比较强,但温度过低也影响产蛋。最适宜的温度为 13℃～15℃,低于 0℃ 时则鸭子不产蛋。因此,冬季要做好防寒工作。圈舍内要铺一些干的垫草,并定期更换。夜晚关闭门窗,以减少鸭体热能的消耗,保持身体强健和正常产蛋。

鸭子不耐高温,一般气温在 28℃ 以上时,采食量减少,产蛋量下降。夏季放牧时,中午要驱赶鸭子到阴凉处休息,并同时供给清凉的饮水。舍饲时要在运动场上搭防暑凉棚,并应备有人工洗浴池;打开窗户和舍门,任其在舍内或运动场上过夜。

2. 放牧要稳 因产蛋鸭躯体大,后躯重,行动较迟缓,所以,选择的放牧地不要过远,放牧地坡度不要过大。驱赶时特别是爬坡过堤坝和沟渠时不要过急。

3. **充足的洗浴与运动** 给鸭子洗浴的目的:一是锻炼身体,增强体质;二是鸭子一般喜欢在游泳中交配,以提高受精率。因此,要尽力给种鸭创造洗浴条件。鸭子虽然是水禽,但要求"见湿见干"。"见湿"就是需要有水游泳;"见干"即是在运动场上铺撒一些干沙土,以保证种鸭的正常运动。

4. **安静的环境** 种鸭一旦受到猪、狗或老鼠等惊吓,就会影响产蛋量。所以,要给种鸭创造一个安静的环境,严防猪、狗、老鼠等进入鸭舍。

5. **清洁的饮水** 无论采用哪种饲养方式,都要保证不断地供应清洁饮水,让鸭自由饮用。特别是夜间产蛋之后,饮水解渴,可以提高产蛋量。

6. **适当的饲养密度** 北京鸭种鸭,每平方米可饲养2~2.5只。

7. **光照时间及光照强度** 种鸭在繁殖时间光照每天需要18个小时,自然光照达不到18个小时的地区,则要早晚增加人工光照,补足18个小时。

另外,为了便于鸭子吃食、饮水和产蛋,舍内通夜要有微弱的灯光。人工光照度为20勒(每平方米2.7瓦)。

(三) 人工强制换羽

当气温升高到28℃以上,或饲养条件差时,母鸭就要自然换羽。在换羽期间,绝大多数母鸭停止产蛋,少数高产母鸭虽能继续产蛋,但产蛋量减少,蛋品质不良。自然换羽的时间一般为4~5个月。为了缩短换羽时间,使母鸭提早产蛋,提高年产蛋量,降低成本,增加收入,对种鸭最好实行人工强制换羽。人工强制换羽一般只需 1.5 个月左右时间。换羽后的鸭子产蛋多,蛋质好,能达到较高的产蛋高峰。

1. 强制换羽的时间 一般在母鸭产蛋达三四成(即 1 只母鸭 10 天内产 3～4 个蛋)时,正是 6～7 月份,此时进行强制换羽最为合适。

2. 强制换羽的准备工作 在强制换羽之前,要将公母鸭分开饲养,以防母鸭受害。对个别已经换了大部分羽毛的鸭子也要挑选出来,每天给少量的糠麸和青饲料,待换羽鸭群开食后,再放到一起饲养。另外,还要准备无光照的房舍。

3. 强制换羽的具体办法 强制换羽是突然改变鸭子的生活条件和习惯。将鸭子关进无光照的暗舍内,夜间停止照明。入暗舍第一天喂少量饲料和水;第二天停食,仅给 2 次饮水(上、下午各 1 次);第三天停食,给足够的饮水;第四天开始给少量粗薄的饲料。10 天内不出圈,不放牧,不打扫圈舍,以促使停产换羽。

4. 换羽期间的给料方法 停食 4～6 天,每天每只喂糠麸类饲料 100 克,体质强壮的可一次性喂完,体质弱的可分 2 次喂。停食 7～12 天,每天每只鸭喂糠麸类约 125 克,另外给少量水草和青绿饲料,分上、下午 2 次喂给。

在停产 10 天后,每隔 3 天给鸭子洗浴 1 次。洗浴可促使鸭子自己摘毛,促进新羽毛的生长。

5. 换羽方式 北京鸭停食 15～20 天开始换羽。一般先换小羽,后换大羽。为使其大小羽同时脱换,促使新羽迅速生长,缩短整个换羽期,可用人工的方法将鸭的主翼羽、副翼羽(大膀翎)和尾羽(尾翎)依次拔掉,这叫做拔毛。拔毛必须在羽根干枯,已经脱壳(羽轴与毛囊脱离),易脱而不出血时开始。过早或过晚都会影响鸭子的体质和新羽毛的生长。拔毛的当天不放牧,不洗浴,以防止毛孔被细菌感染。

6. 强制换羽后的饲养管理 鸭子在强制换羽后,体重减轻,体质衰弱,消化功能降低,因此,要加强饲养管理。喂料量要由少到多,质量要由粗到精,逐步过渡到正常。如果急剧增加精料量,鸭子会因贪吃而引起消化不良,甚至造成死亡。拔毛后第二天开始放牧和洗浴。牧地要由近到远,放牧时间要由短到长。在拔毛后20天左右开始恢复种鸭的正常饲养管理水平。一般在拔毛后30~40天开始产蛋,如果饲养管理工作做得好,母鸭可以再产6~10个月的蛋。

(四)影响产蛋量的因素及提高产蛋量的措施

1. 母鸭的年龄 虽然母鸭可饲养数年,但其产蛋量是随着年龄的增长而逐年下降的。第一个产蛋年度的产蛋量最高,如北京鸭第二个年度的产蛋量比第一个年度下降30%,第三个年度的产蛋量又比第二个年度下降35%。因此,北京地区饲养的北京鸭母鸭,一般都在第一个产蛋年度结束时就被淘汰。

2. 留种的季节 由于鸭子的产蛋量受自然条件的影响,所以应考虑到鸭的留种季节。一般留春雏最好,其产蛋期长,产蛋量高。

3. 雏鸭期的培育情况 种鸭质量的好坏,关键在于雏鸭时期的培育。生长发育良好的雏鸭,其性成熟期早,产蛋量高。

4. 环境条件 在饲养期间,如突然遇到寒冷天气或连续高温或阴雨天气,使鸭子的生活条件发生突变,也会使产蛋量下降。

5. 饲料的品种和质量 若饲料品种单纯、质量差,缺乏蛋白质、维生素和矿物质,或配比不平衡,或饲料成分突然变化,也会使产蛋量下降。

6. **放牧条件**　放牧地天然饲料较少或不稳定,鸭子疲于觅食,消耗体力过多,会使产蛋量下降。因此,开产后主要靠放牧饲养的,当发现母鸭的产蛋量有下降趋势时,要及时补料。

7. **管理条件**　如洗浴时间不准时,饮水不足,鸭舍潮湿,垫草太松等都会造成产蛋量下降。

8. **受惊吓**　在放牧地或在饲养管理过程中,特别是在夜间或下午鸭子受到突然惊吓时,其产蛋量会大幅度下降,有的产软壳蛋。

当秋季日照时间缩短,母鸭产蛋减少甚至停产时,要少补料,以防因过肥而影响翌年春天的产蛋量。在母鸭产蛋高峰月份要及时补料,防止母鸭因营养不良、体质弱而造成停产。

(五) 饲养管理实例

北京鸭种鸭后备鸭 150 日龄转入种鸭舍,2 周后开始自由采食。北京鸭一般 170 日龄产蛋达 50%,此时可开始选留种蛋,繁殖后代。

繁殖阶段的种鸭,一方面要从饲料中摄取营养保证鸭体本身的代谢需要,另一方面还要给种蛋的形成提供营养。因此,为了使种鸭多产蛋,必须加强饲养管理工作,产蛋期不要轻易改变饲料配方。若遇特殊情况必须改变时,应遵循渐变原则。

种鸭体重过大,将影响产蛋性能的发挥。产蛋期如发现种鸭过肥,应适当减少给料量,控制体重。种鸭 450 日龄时,公鸭体重 4 千克左右,母鸭 3.6～3.7 千克。这时,种鸭产蛋已近1年,一般产蛋率在60%～50%,可进行淘汰更新。

1. **喂饲方法** 种鸭日采食量平均225～250克、喂湿拌粉料时,每天喂3次,一般是早晨6时半,下午3时,晚间10时。

每只种鸭应占有的料槽长度为15厘米,料槽高度15～18厘米,上口宽12厘米。每次给料不要超过槽深的1/3,可以有效地减少浪费。

喂颗粒料时,应在每天早晨将全天的料量1次添完。饲喂器具以料箱为好,每只种鸭占给料器边长的8厘米为宜,晚间10时将剩余的碎料清理出来。如剩料增加,应及时找出原因。

鸭舍要常备装有砂砾的容器,供种鸭采食。

2. **饮水** 无论什么季节,保证种鸭的饮水是必需的,尤其是产蛋种鸭切忌断水。

水质要求新鲜清洁,符合饮水卫生标准。

水槽深12厘米,宽12厘米,加水深7厘米。每只种鸭占3厘米。水槽应设在50厘米宽,带有地沟的网面上,防止地面潮湿。水槽上缘高出鸭背10～12厘米。

3. **洗浴** 运动场上应设置洗浴池,增加种鸭的运动量,保持种鸭的清洁,有利于种鸭的健康。水池长度可与运动场相同。上面宽2～2.5米,下底宽0.45～0.5米,水深0.45～0.5米。夏季每天换1次水,其他季节2天换1次水即可。

4. **分群** 种鸭以250～300只为1群,可有效减少伤残,保证种鸭发育正常,保持较高的产蛋率。

5. **公母鸭比例** 为提高种蛋受精率,减少饲料浪费,保证母鸭健康,要经济合理地选用公鸭。35日龄留种时,公母鸭比例1:4～5;开产时,公母鸭比例1:5～6。

6. **垫料** 垫料要求干燥、清洁,严禁使用霉变的垫料。常用的垫料有稻草、稻壳、木屑、锯末和沙土等。

7. **产蛋箱规格** 产蛋箱深 45 厘米,宽 35 厘米,高 45 厘米,箱的后壁和左右两壁要有 30 厘米的挡板,前壁 10 厘米(垫料厚 4 厘米、空 6 厘米)。蛋箱是无底的,8~10 个蛋箱组成 1 组,入舍母鸭 3~4 只占 1 个产蛋箱。

产蛋箱应距饮水器 3 米以上。箱内要经常保持有松软、干燥及清洁的垫料。

8. **种鸭对温度的要求** 种鸭产蛋最适宜的温度是 13℃~18℃,一般在 5℃~25℃时都能正常产蛋。北京鸭不耐高温,气温在 28℃以上时,应尽量做好防暑降温工作。

9. **种鸭开产季节对产蛋量的影响** 种鸭开产季节不同,对产蛋量会产生一定的影响,我国北方最好的开产季节是 7~8 月份,南方是 8~9 月份,这个时期开产的鸭种,产蛋量高,产蛋高峰持续时间长。

从表 5-8 可见,8 月份开产的种鸭第二个月产蛋率达到 76%,产蛋率 80%以上保持 6 个月之久。而 5 月份开产的种鸭,产蛋率仅有 2 个月达到 80%以上,说明外界环境条件对北京鸭产蛋量的影响是很大的。

表 5-8 不同开产月份北京鸭产蛋率

5 月份开产鸭产蛋月龄	自然月份	产蛋率（%）	8 月份开产鸭产蛋月龄	自然月份	产蛋率（%）
1	5	71	1	8	53
2	6	80	2	9	76
3	7	79	3	10	87
4	8	59	4	11	87
5	9	60	5	12	86

5月份开产鸭产蛋月龄	自然月份	产蛋率（%）	8月份开产鸭产蛋月龄	自然月份	产蛋率（%）
6	10	78	6	(翌年)1	85
7	11	76	7	2	82
8	12	71	8	3	80
9	(翌年)1	80	9	4	72
10	2	60	10	5	74
11	—	—	11	6	73
12	—	—	12	7	60

10. **种蛋处理** 夜班饲养员要及时捡蛋。种蛋收集好后,应立即进行熏蒸消毒。每立方米用福尔马林(浓度40%)15毫升,高锰酸钾 7.5 克,熏蒸 15 分钟。种蛋送到贮蛋室后,再消毒 1 次。

破损和污染的种蛋,严禁送到贮蛋室。

11. **疫苗接种** 在搞好日常的防疫消毒工作外,一般北京鸭接种 3 种疫苗。

(1) **病毒性小鸭肝炎疫苗** 种鸭开产时接种此疫苗。北京地区是每只种鸭胸肌注射 1 毫升,间隔 2 周,再肌内接种 1 毫升(详见说明书)。可有效防止小鸭病毒性肝炎的发生。

(2) **鸭瘟疫苗** 鸭瘟疫区的种鸭场应考虑接种鸭瘟疫苗。非疫区的种鸭场可以不接种。免疫程序是,雏鸭 2 周龄时进行第一次免疫接种。当种鸭开产时,进行第二次接种。

(3) **禽霍乱疫苗** 40～45 日龄接种 1 次,开产时再接种 1 次。

（六）影响北京鸭种蛋受精率的因素及提高受精率的措施

北京地区饲养的北京鸭，一般公母比例是 1:5，有的鸭场为 1:6～7，也有个别的鸭场将公母鸭比例缩小至 1:4，甚至 1:3。各场生产的种蛋受精率差异很大。有的鸭场公母鸭比例达 1:7，但全年受精率平均却在 90％以上；而有的鸭场公母鸭比例虽然为 1:3，但全年平均受精率还不到 80％。

根据这些情况，笔者到一些鸭场通过对公鸭生殖器官检查和人工采精的办法来探讨影响北京鸭受精率的因素。先后在 9 个鸭场不同鸭群中共检查了 2 203 只公鸭。发现其中合格的公鸭 1 653 只，占全群 75.03％；不合格的共 550 只，占全群 24.97％。在 550 只不合格的公鸭中，生殖器官（阴茎）发炎的有 196 只，占不合格总数的 35.64％；阴茎发育不良或畸形的有 134 只，占不合格总数的 24.36％（图 5-4）；阴茎发育正常无精子的有 220 只，占不合格总数的 40％。

1. 影响北京鸭受精率的因素　经过这段时间的实践，总结出影响北京鸭受精率因素有以下几点。

（1）公母比例不适当　公鸭比例过大易造成公鸭之间打架斗殴损伤阴茎。如原双桥鸭场 18 个月龄的鸭群中公母比例为 1:3.2，其中公鸭阴茎伤残的占全群的 10.93％。原北郊鸭场 18 个月龄的鸭群公母比例为 1:7，其中公鸭阴茎伤残的仅占全群的 4.83％，比双桥鸭场低 6％。

（2）月龄不同造成公鸭合格率不同　原东郊鸭场在环境和饲养管理条件基本相同的情况下，5 月龄的公鸭合格率达到 90％，12 月龄的公鸭合格率达到 91％，而 18 月龄公鸭合格率只有 76.4％。

（3）季节不同造成公鸭合格率不同　如4月14～16日，在原莲花池鸭场，对18月龄公鸭连续做3天的采精测定，合格率为68.8％。6月28～30日，在原永乐店鸭场对15月龄的公鸭连续3天采精测定，合格率为58.6％。上述两个鸭场营养水平相似。在管理和环境方面，永乐店鸭场比莲花池鸭场还要优越，如饲养的种鸭群小，月龄也小3个月，可是合格率低于莲花池鸭场10.2％。分析其原

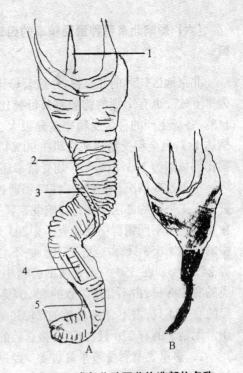

图5-4　成年公鸭阴茎构造部位名称

A. 发育正常的公鸭阴茎
B. 发育不良的公鸭阴茎
1. 肛门裂隙　2. 大螺旋纤维淋巴体
3. 小螺旋纤维淋巴体　4. 腺管　5. 阴茎沟
（仿林大诚等《北京鸭解剖》）

因，当年北京地区天气比往年热得早。6月上旬最高气温就达到35℃～36℃，往年是在7月上中旬才达到这样的温度。北京鸭历来在夏季7～8月份受精率就低，其原因可能就在于此。

（4）营养不同造成公鸭合格率不同　同样都是18月龄

的公鸭,营养不良公鸭的合格率就低。如原莲花池鸭场,公鸭的合格率仅 64.8%。而营养条件良好的金星鸭场和西红门鸭场,公鸭合格率分别是 74.4% 和 75%。

(5) 纯系和杂交的公鸭其合格率不同 如原双桥鸭场的北京鸭双桥 I 系(纯系)第九代,150 日龄公鸭合格率仅 85.6%;原东郊鸭场 160 日龄品系间杂交公鸭的合格率却达 90%。

2. 提高受精率的措施 根据上述情况,笔者认为,为了提高北京鸭的受精率,在生产实践中有必要采取一些有效措施。

第一,在选留后备种鸭时,公母比例应为 1:6 或 1:7,成熟后通过检查淘汰一部分不合格的公鸭,公母比例可达到 1:7 或 1:7.5。这样对受精率不仅无影响,同时增加了鸭场的收入。以养 1 000 只种母鸭为例,可少养 10~24 只公鸭。每只公鸭 1 年耗料 92 千克,每千克饲料 1.7 元,合计 156.4 元。少养 10~24 只公鸭,可节省 920~2 207 千克饲料,可增加收入 1 564~3 753.6 元。

第二,要适时检查公鸭的性功能。公鸭一般在 20 周龄时,所有精细管内出现精子细胞。因此,对北京鸭的公鸭,以在 150~160 日龄时进行生殖性能检查为适宜。通过检查,淘汰生殖性能差和无生殖性能的公鸭。

第三,如果种鸭通过强制换羽再产蛋时,要求在强制换羽前进行一次公鸭生殖性能检查,同时淘汰瘦弱或病态的母鸭。待羽毛长齐之后,再对公鸭检查一次性功能,将不合格的淘汰。

第四,在种鸭繁殖季节,饲料中除要有足够的营养水平外,蛋白质一定要保持在 19.5%~20%,赖氨酸 1.1%,蛋氨酸加胱氨酸0.68％,维生素E 30单位/千克。

第五,种鸭生活环境要安静舒适,鸭舍内外地面要干燥清洁,空气新鲜。有条件的养鸭室内空气温度要维持在10℃～25℃,使种鸭维持较好的产蛋高峰,同时受精率也高。

第六章　鸭舍与设备

一、鸭舍设计

(一) 鸭舍的屋顶形式

可根据不同地区和不同需要来选择屋顶形式(图6-1)。

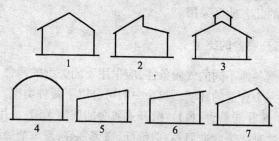

图6-1　鸭舍屋顶的7种类型示意图

1.双坡式　2.双坡侧窗式　3.带排气天窗双坡式
4.拱顶式　5.单坡式　6.单坡遮阳式　7.联合式

1. **双坡式(人字形屋脊)**　鸭舍一般跨度较大,为8~12米,保温能力较强,但通风采光较差。屋顶两坡长短相同,南墙上部2/3敞开或装有窗户,北墙全部封闭。

2. **双坡侧窗式**　这种形式的鸭舍通风和采光较双坡式好,但造价稍高,其他同双坡式鸭舍。

3. **带排气天窗双坡式**　通风和采光好,南北向和东西向均可,但屋顶结构复杂,造价较高。

4. **拱顶式** 用砖或其他材料砌成半圆形屋顶。屋顶面积小,能节省木材和钢材,造价较低。此种形式的鸭舍跨度不大,内面积利用率低,不便于安装天窗和其他设施。

5. **单坡式** 单坡式鸭舍结构简单,跨度小,适于小规模养鸭。屋檐高的一面向阳,因而采光好;屋檐低的一面背向冬季主风方向,有利于防寒。

6. **单坡遮阳式** 适于南方热带多雨地区采用。结构与单坡式相同,所不同的是前檐稍长并设遮阳板。

7. **联合式(道士帽式)** 屋顶为双坡式,但前坡短(为后坡的 2/3 长),采光较双坡式好,保温能力又较单坡式强。适于寒冷的北方地区采用。

(二) 鸭舍的类型

根据各地不同的气候条件,应采用不同类型的鸭舍,为鸭群创造一个合适的环境。鸭舍一般可分以下两种类型。

1. **敞开式鸭舍(栅)** 敞开式鸭舍的四周无墙,或用网状围栅。这种鸭舍建造简易,造价低,通风良好,夏季能遮阳,冬季可用帘子将鸭舍四周围挡,防止寒风侵袭。适用于冬季气温在 5℃ 以上的地区采用,也可作为其他较寒冷地区的季节性简易鸭舍。如北京地区中鸭舍就可采用这种形式,效果较好。

2. **有窗鸭舍** 这种鸭舍有固定的墙,前后有窗式帘。一般前窗(向南)大,后窗(向北)小。在北方一般于寒冷季节到来之前,用砖或土坯堵塞后窗,以防寒保温;夏季再将其打开,便于空气对流,防暑降温。最近几年北京地区有的种鸭舍,在南北(前后)窗下各留有 45 厘米宽的小门,便于鸭子自由出入和空气对流。后门用铁网挡好,以防兽害。采用这种通气方式的鸭舍,种鸭在炎热季节仍能保持较高的产蛋量。冬季到来之前,要把后门堵好。

这种类型的鸭舍是以自然通风为主,利用窗帘的启闭来调节通风量和舍内外的温差,有较大的适应性。不同地区可根据气候条件采用不同的窗帘开启面积。如长江以北较寒冷的地区,其开启面积应小些,便于保温;而在夏季比较炎热的长江中、下游地区,窗帘的开启面积应当大一些,以利于通风降温。

二、鸭舍建筑及设备

(一) 孵化室

孵化室的建筑应该加保温层,以确保室内小气候的稳定。建筑材料必须易于保持清洁,墙壁、地板与天花板用的材料必须能经得起频繁地冲洗和消毒,外表面要求光滑平整。每个房间的地板都要有下水设备,便于清洗消毒后排出污水。还要配置良好的通风设备,以保持室内空气新鲜。

(二) 育雏舍(0~3周龄雏鸭舍)

1. **舍内要防潮**　育雏舍的墙壁、天花板和地板要有良好的绝缘性设备,可利用10厘米厚的矿渣或其他绝缘性材料填充在天花板或墙壁中间,以防潮保温。地板一般要用水泥构制,在水泥底下铺一层防潮的绝缘材料。

2. **通风、保温和照明应良好**　有条件的鸭场最好在育雏舍内设有排风扇,通风设备的能力以每分钟换气15~20次为宜,每分钟每千克鸭体重换气量为0.13立方米。平面育雏每

500只雏鸭设1个育雏伞或1个火炉,以利于保温。网上育雏可按200~250只雏鸭为1群。室内照明,以15平方米安装1只40瓦的灯泡为好。

3. **要备足饮水及喂料设备** 每500只雏鸭需要有长4米的水槽,水槽的高度以雏鸭能不费劲地喝上水为宜。雏鸭在7日龄内用料盘喂料,料盘长45厘米,宽45厘米,高2厘米。7日龄以后可用料槽喂料,每500只雏鸭需要6米长的料槽。

火炕及其网上育雏相结合的舍内布局见图6-2。

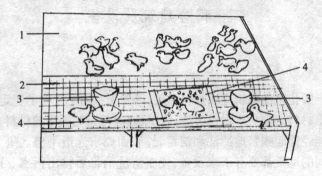

图6-2　火炕及其网上育雏相结合示意图
1.火炕　2.网　3.饮水器　4.料盘

(三) 中鸭舍与肥育鸭舍(3~8周龄的鸭舍)

室内温度要保持在5℃~18℃。墙壁、天花板中间要有5厘米厚的绝缘性填充物,以保温隔热。地板最好用水泥或三合土构成。最好有通风换气设备,每小时每千克鸭体重换气量为0.13立方米。

为了保持室内干燥,应把饮水槽放在3米长、2米宽的网上,网底设有下水道,使漏在槽外的水流入下水道,以防浸湿垫草。每 350 只鸭应有 1 个长 10 米的水槽。

（四）种 鸭 舍

室外饲养的种鸭不易得到优质的种蛋,因此,最好在室内饲养种鸭。种鸭舍要求的条件和肥育鸭舍基本相同,要有足够的新鲜空气,最好有通风设备。采用绝缘性材料建筑鸭舍。每 250 只种鸭需有 1 个 6 米长的饲槽,饲槽的高度为 10～15 厘米。为防止鸭子吃料时浪费饲料,也可采用塔式或箱式自动供料器来代替饲料槽,由贮料塔连续不断地供给饲料(图 6-3)。如果大群喂颗粒料可以采取较大的桶式给料,每天添 1 次料(图 6-4)。

图 6-3　自动供料器示意图

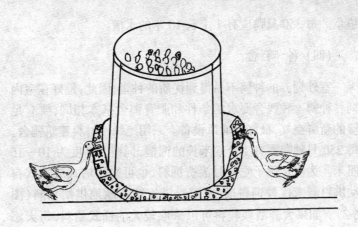

图 6-4 颗粒料桶示意图

种鸭舍还要设置饮水槽或饮水器。最好使用乳头饮水器,既节水又卫生(图 6-5)。每 3 只种鸭设置 1 个乳头饮水器。乳头距地面高度为 45 厘米。每条管道下边设有宽 50~

图 6-5 乳头饮水器示意图

60厘米,深50~60厘米,上面铺有防护网的下水道,防止地面溅水。

如果用水槽供给饮水,水槽应放置在远离母鸭产蛋地点的墙角处,也可把水槽吊挂在舍外,以防止水溅到种蛋上。每250只种鸭应备1个长3米、高15厘米的水槽(图6-6)。

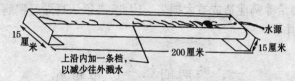

图6-6 浮漂饮水槽示意图

产蛋箱尺寸为40厘米×40厘米×40厘米,门下边设10厘米挡板防止蛋向外滚落。挡板可用1厘米厚的木板制成。每100只母鸭应配备30个产蛋箱,每10个产蛋箱为1组(图6-7)。

图6-7 产蛋箱示意图

产蛋鸭舍需要全昼夜进行光照。夜间用人工光照补充,以防鸭子在黑暗环境中焦躁不安,跑动转圈,造成产蛋量下降。

第七章　鸭病的防治

鸭病,特别是一些烈性的鸭传染病,严重地影响着鸭的健康,会给养鸭业造成重大损失。因此,必须认真做好鸭病的防治工作。

一、鸭病的综合防治措施

(一) 一般防疫卫生要求

第一,不要把不同种鸭群所生产的种蛋混合在一起孵化;也不要把来自不同孵化场的雏鸭混合在一起饲养。

第二,鸭舍除本车间饲养员可出入外,不允许任何人或其他车间的饲养人员进出。

第三,不要把不同日龄的鸭子混在一起饲养。

第四,饲养员必须穿工作服和胶靴;在接触鸭子前后都要洗手;工作服和胶靴要固定在鸭舍内使用,不准乱用。

第五,要及时从鸭群中清理出病鸭、死鸭,并做无害化处理。

第六,禁止把参加过展览会的鸭子再送回鸭舍饲养。

第七,禁止外边的饲料车和屠宰场的车开到饲养鸭群的地方。

第八,要按时记录好种鸭产蛋情况和肉鸭生产中体重增长速度,以利于掌握鸭群的健康状况。

（二）鸭舍的清洗与消毒

一是鸭场、鸭舍的进出口要设有消毒槽，放入生石灰或2%火碱水等消毒药，并每天更换1次消毒药液。凡进入鸭场的人、畜、车辆必须经消毒后方可进入。

二是舍内用具要定期搬到室外，用2%火碱水浸泡消毒。

三是舍内的粪便要定期清除，垫草要勤换和晾晒。

四是鸭舍在进鸭之前要进行全面消毒，可用2%火碱水或1%来苏儿水。也可在每立方米空间用高锰酸钾7克，福尔马林14毫升，水7毫升，进行熏蒸消毒。

（三）饲料的营养与卫生

第一，饲料应新鲜，无杂质，无霉变。单品种饲料要有本品种颜色，无异味，质地新鲜；混合饲料颜色正常，无异味或有粮食的芳香味及维生素味。粉料不得粘成块，颗粒饲料不可成大团。饲料不可发霉变质，鸭子吃了霉变饲料会导致中毒。

第二，饲料中的营养物质要全面。鸭子的营养需要，主要是对能量、蛋白质、维生素、矿物质和水的需要。鸭子的营养需要量是按一般条件提出来的，当鸭子处在应激因素的影响之下时，就要加大维生素的使用量。在配合饲料中加大维生素给量，这就是人们所说的抗应激因素饲料。

第三，饲料应清洁无污染。由于饲料也能够传播各种致病微生物，因此，要使用清洁的没有被污染的饲料。如能再把饲料制成颗粒状，则可在加工过程中进行高热处理，将绝大多数微生物杀死，以减少传染疾病的机会。

（四）对饮水的卫生要求

各种生物的生命活动都是离不开水的,尤其是鸭子对水的需要更为重要。但是,被污染水中含有大量的病原微生物、病毒和寄生虫卵等,可引起传染病的传播,如霍乱、副伤寒等,常是急性传播,全群几乎同时发病。因此,鸭的饮用水应使用地下水或经净化处理的自来水。

二、鸭的常见病防治

鸭子的抗病力虽然比其他家禽强,但也易感染一些传染性或非传染性疾病,下面介绍几种常见疾病的防治方法。

（一）禽霍乱

急性败血性禽霍乱又称禽巴氏杆菌病,是由禽巴氏杆菌引起的一种急性败血性传染病,发病率和死亡率都很高,有时也出现慢性病型。鸡和鸭最易感染此病,鹅的感染性较差。这种病多呈散发性。如果鸭子在经过长途运输,或饲养管理不好、营养不良,或阴雨潮湿、天气突变的情况下,或生活在过分拥挤的环境中,致使鸭体的抵抗力降低时,容易诱发此病和造成流行。禽霍乱主要通过消化道传染,如健康鸭子吃了被细菌污染的饲料、饮水,或在被病鸭或死鸭污染的牧地放牧,都会感染此病。

【症 状】 此病可分为最急性、急性和慢性3种病型。

（1）最急性型 病鸭外表不呈现什么症状,突然表现不安,倒地后双翅扑打几次便迅速死亡。

（2）急性型 病鸭的症状主要是发热,精神不振,不爱吃料,饮水多。鼻和嘴有分泌物,呼吸困难。张嘴呼吸时有时伴随着摇头,似想把喉部的粘液甩出来,所以,有的地区叫它为摇头瘟。眼结膜充血。腹泻,粪便为黄白色粘稠液,在几个小时至几天内死亡。

(3) 慢性型　多由急性型转变而来。病鸭食欲时好时差,逐渐消瘦,关节肿胀发炎,跛行或完全不能行走。

【剖检变化】

(1) 最急性型　病理变化不明显。

(2) 急性型　心冠脂肪、肺、气管和腹腔浆膜有小出血点或出血斑,肠道内的粘膜发炎、充血或出血,尤其是十二指肠最为明显。肝脏肿大,色淡质硬,表面有针尖状出血点和坏死灶。心包有出血,心包、气囊或腹腔内有纤维素性渗出物。

(3) 慢性型　除有急性型的病变外,有时脾脏肿大,心尖发炎。

【防治方法】

(1) 预防　要做好卫生防疫工作,特别是加强鸭子的饲养管理,以增强其抗病力,减少细菌感染。要定期接种霍乱疫苗,一般鸭子达 40 日龄即可接种,种鸭和产蛋鸭要在产蛋前或换羽时接种。

(2) 治疗

① 磺胺噻唑或磺胺甲基嘧啶　按 0.5%～0.6% 的比例混拌在饲料中喂鸭。每天 2 次,连喂 3～5 天。

② 长效磺胺　每只鸭每天口服 0.2～0.3 克,每天喂 1 次。

③ 土霉素　按 0.04%～0.06% 的比例加在饲料中喂鸭,连服 4～6 天。

④ 穿心莲(中药)　用鲜的或干的穿心莲煮水拌到饲料

中喂服3~4天。

（二）鸭病毒性肝炎

本病是一种急性传染病，病原是鸭肝炎病毒。一般21日龄以内的雏鸭发病最多。死亡差异很大，低的达15%~20%，高的达85%~90%，10日龄内的雏鸭死亡率最高。发病时间主要在3~4月份，其他季节也有发生。饲料管理不当，缺乏维生素、矿物质饲料，鸭舍内湿度过大，鸭的饲养密度过大等可促使本病的发生。鸭病毒性肝炎主要通过呼吸道和消化道传染，患病的雏鸭是主要传染源。

【症　状】　本病的潜伏期为1~4天，突然发病，病程进展迅速，常在发病几个小时后死亡。病鸭离群，身体衰弱，行动迟缓，不久就不能行走，不吃食，眼睛半闭，呈昏迷状态，有些鸭有腹泻症状。在上述症状出现2~3个小时即出现神经症状，如运动不协调，双腿痉挛，似游泳状，头向后仰，翅下垂，呼吸困难，有断续的深呼吸，腿伸直而死亡。

鸭病毒性肝炎的病程持续3~10个小时，很少见病鸭恢复健康。有些雏鸭患病不显症状，康复后生长缓慢。

【剖检变化】　主要是肝脏肿大，质地松软，极易破裂。被膜下有大小不等的出血点，色彩不同（2~5日龄的病鸭肝脏呈褐黄色，10~30日龄的病鸭肝脏呈淡黄色），有的肝实质中有坏死病灶。胆囊肿大，其内充满胆汁。肾脏肿大、充血。心肌质软似熟肉样。肺内淤血。肠粘膜肿胀充血，覆有粘液，胰腺有小的坏死点。

【防治方法】　本病目前没有特效药物治疗。最重要的措施是要加强鸭子的饲养管理，满足其对维生素和矿物质饲料的需求，以预防发病。种鸭在开产前要接种疫苗2次，间隔2

周,每次 1 毫升。开产后 3 个月再强化免疫 1 次。经接种疫苗的母鸭所产蛋即含有抗体,所孵出的雏鸭体内的母源抗体可维持 2～3 周,可以保护雏鸭在最易感染的时期避免感染鸭病毒性肝炎。对雏鸭可注射经免疫的种鸭产的蛋黄。

(三) 鸭　　瘟

鸭瘟又叫鸭病毒性肠炎,是一种危害性极大的急性败血性传染病,其病原属于疱疹病毒。各种性别、年龄和品种的鸭都会感染本病,但感染程度不同,以番鸭、麻鸭最敏感,北京鸭次之。成年鸭发病率较高,母鸭在产蛋季节发病率和死亡率高。本病一年四季均可发生,但以春夏之际和秋季流行严重。低洼潮湿的地区更易发生和流行本病。被病鸭的排泄物及其尸体组织所污染的土壤、水、饲料、用具等都是重要的传染媒介,带毒鸭也是传播本病的重要因素(痊愈鸭带毒期至少 3 个月)。

【症　状】　本病的潜伏期为 2～5 天。病鸭的体温升高,一般达 42℃～44℃,精神委顿,食欲较差,渴欲增加。两脚发软(是临床上最明显的症状),羽毛松乱,两翅下垂,行动迟缓,严重者伏地不起,驱赶时两翅扑打地面,欲走不能。拉稀屎,粪便呈绿色或灰绿色,泄殖腔周围的羽毛粘有稀粪,泄殖腔松弛,有时水肿。眼睑肿胀,流泪,初为浆液性,后为脓性,上下眼睑粘连而不能张开,眼结膜充血。鼻腔中的分泌物增多,有稀薄或粘稠液体流出。呼吸困难,呼吸音粗厉。常见头部、颈部肿胀很大,故俗称"大头瘟"。

鸭瘟的病程一般 3～4 天,极度衰竭而死亡,死亡率常达 90% 以上。此病预后不良,个别不死的病鸭转为慢性而逐渐消瘦,生长不良,具有特征性的症状为角膜浑浊,甚至形成溃疡。

【剖检变化】 脑膜血管淤血、出血。尸体的食道膨大部内无食物,只有少量黄色液体存在。食道膨大部与腺胃交界处,或腺胃与肌胃交界处,常见有灰黄色坏死带或出血带,腺胃粘膜与肌胃角质膜下充血或出血。整个肠道粘膜呈红色出血或充血,其中以小肠、直肠较严重。泄殖腔粘膜及周围的皮肤肿胀、出血,严重的可见有溃疡,附有淡黄色或绿色而较硬的坏死颗粒和坏死块,并不易剥离。肝脏肿大而质脆,淤血、出血并有针尖大或小米粒大小的不规则灰黄色坏死灶,也有少数病鸭的坏死灶中有出血或周围有坏死出血带。胆囊肿大,其内充满胆汁,粘膜上有小溃疡。脾脏肿大,但程度不一,最大可为原来的 1.5 倍,质地软,呈暗褐色,表面有灰白色斑点,间有出血点。胰脏肿胀,有针尖大小的出血点或灰白色坏死灶。心包积水(黄色透明液体),并见有灰白色絮状物,心包膜和胸膜有时粘连。心外膜充血、出血,冠状沟有小点出血或有轻度的淡黄色胶样浸润。肾脏淤血。睾丸充血。卵巢充血或出血,并有部分萎缩。产蛋母鸭的卵黄破裂,腹腔内充有大量卵黄液。

【防预方法】 这种病目前还没有好的治疗办法,一旦发生鸭瘟,必须对鸭群进行全面检疫,并采取严格封锁、隔离、消毒和紧急预防接种措施。要将所有的病鸭集中在远离河流的地区屠宰,经高温处理后才能利用。但内脏及小鸭不可利用,必须化制或深埋。血水不准放入下水道中,须消毒后废弃。羽毛可经蒸汽消毒后外运。病鸭舍、运动场及被传染的用具都必须彻底消毒;鸭舍要空闲 1~2 个月后再用。被污染的饲料须烧毁或消毒后再用。可疑的病鸭、假定健康鸭应立即接种疫苗,并停止放牧。

预防鸭瘟的根本方法是加强饲养管理,做到鸭子的自繁自养,平时做好鸭瘟预防接种工作。预防接种的疫苗是鸭瘟弱毒冻干苗,种鸭皮下注射,1 年 1 次,用法用量,严格按照标签说明使用。雏鸭发病后紧急接种。

(四) 禽 流 感

禽流感是由禽流感病毒引起的一种禽类感染的疾病,鸡、鸭、鹅、火鸡、鸽子、鹌鹑等家禽及野生鸟等均有感染。禽类感染后,一般表现为呼吸系统疾病,母禽产蛋量下降。继发细菌感染是致死的重要原因。

禽流感是一种毁灭性的疾病。1959～1995 年的 36 年间就有 12 次的严重暴发,平均每 3 年暴发 1 次,每次严重的暴发都给养禽业造成巨大的经济损失。

【症　状】　潜伏期变化很大,短的几个小时,长的可达数天。这取决于毒株的强弱、感染剂量、感染途径和有无合并症等。有些雏鸭感染后,无明显症状,很快死亡。但多数病鸭会出现精神沉郁,食欲和饮水都减少,并出现呼吸器官症状,鼻窦和眶下窦肿胀,并蓄积有脓性粘液,呈干酪样分泌物。窦粘膜充血,造成病禽倒吸气,张嘴呼吸,流眼泪、鼻涕。有的还会出现神经症状以及腿、身体其他部位出血。小鸭常见症状是流眼泪,打喷嚏,鼻腔有分泌物流出以及眶下窦肿胀。如果是高致病性的禽流感暴发时,死亡率可高达 90%。

【剖检变化】　如果是高致病性的禽流感病毒感染,尸体剖检的症状主要是水肿,如气管粘膜有水肿现象,气囊壁增厚,心肌、肺、脑、脾有出血和充血,卵泡异常并出血,肝、脾、肾有实质性变化和坏死,严重的还会出现坏死性胰腺炎和心肌炎。如果是低致病性的禽流感病毒感染,输卵管常常肿胀,充满含脓块的白蛋白样的粘稠液体。输卵管壁和输卵管周围组织常发生水肿。

【预防方法】 禽流感尚未有好的治疗办法,因此,要加强饲养管理,提高机体抗病力。具体建议有以下几条措施:

第一,在家禽场和禽舍门口设有消毒池,每天要更换消毒药液。

第二,禽舍内不许非工作人员进出,如果非进不可时,必须穿戴消毒好的工作服、胶靴或一次性同样物品。

第三,饲养人员不能穿戴工作服、工作帽、胶靴到场外去。

第四,未经彻底清洗与消毒的设备和用具,不能随意在场内移动使用。

第五,病死禽要做无害化处理,如焚化、深埋、堆肥或送往废弃物处理场。

第六,一旦从病禽中分离出致病性流感病毒之后,马上就要采取划定疫区,严格封锁,扑杀受到感染的所有禽类,并且将病禽舍内外的蚊、蝇、老鼠等媒介物用药剂杀死。再用广谱性杀虫剂将堆放的敷料和粪便中的蝇蛆杀死。对疫区内可能受到污染的场所进行彻底的清洗消毒,以防疫情扩散。清洗消毒后,禽舍空闲 1～2 个月,才能再饲养家禽。

第七,接种疫苗。通过实验室和生产试验,已经研制出禽流感灭活苗。品质优良的疫苗接种后 2 周产生保护作用,其保护期至少为 10 周。应用灭活苗二次免疫可激升抗体并延长保护期。但由于禽流感有多种血清型,并且有时还有变异,如果疫苗与发病的家禽血清型对号就会高效免疫。

(五) 鸭副伤寒病

鸭副伤寒病是由沙门氏菌引起的一种急性或慢性传染

病,主要侵害幼禽。在天气过热,维生素缺乏,矿物质的代谢作用被破坏,营养不良时易感染本病。一般 10～21 日龄的雏鸭发病率最高,死亡率低的为 10%～20%,高的达 80%。

【症　状】　10～30 日龄的雏鸭多发生急性败血性副伤寒(慢性的多发生在大鸭子)。一般潜伏期为 12～18 个小时,有时稍长些。病雏食欲减低或不吃食,喜饮水,呼吸加速,精神沉郁,头下垂,翅下垂,羽毛蓬乱,易扎堆,怕冷,腹泻,粪便如水,肛门沾有大量污粪。眼流泪,有时呈现脓性眼结膜炎引起眼睑粘连。头部肿胀,出现神经性痉挛症状,称为猝倒病。病雏倒地,头向后仰,角弓反张或间歇性痉挛。多在 3～5 天内死亡。

【剖检变化】　主要病变在肠道和肝脏。十二指肠发炎,盲肠扩张,肠腔里有淡黄白色豆腐渣样物质堵塞;直肠扩张,充满内容物。肝脏肿大,有灰黄色小坏死点。

【防治方法】

(1) 预防　要做好鸭场内的卫生消毒工作。鸭舍内要通风良好,保持垫草干燥,以防止湿度过大。喂雏鸭的饲料,营养成分要全面,质量要好。严禁从发病场购进雏鸭和种蛋。

(2) 治疗　治疗方法有以下几种。

① 金霉素或土霉素　每只雏鸭每次口服 5～15 毫克,1天 2～3 次,连喂 5～6 天。

② 合霉素　每次每只雏鸭口服 10～15 毫克,1 天 2～3次,连续 5～6 天。

③ 磺胺类药物　有一定的疗效,可试用。

(六) 曲霉菌病

曲霉菌病是鸭的一种常见真菌病,又称鸭霉菌性肺炎。

主要发生于幼禽,发病率很高,可造成大批死亡。鸡、鸭、鹅和火鸡等家禽及野禽均可感染本病。常因饲料或垫草被曲霉菌污染而引起本病的发生。舍内饲养鸭子的头数过多,会促使曲霉菌病的发生。公鸭往往因交配后阴茎不能及时复位而被污染带菌,成为传染的媒介。母鸭常因产蛋时脱肛(子宫下垂)被霉菌污染而发病。

【症　状】　病雏食欲减低或不吃食,精神不振,眼半闭,呼吸困难,有浆液性鼻漏,气囊受损害时呼吸发出特殊的沙哑声。口渴,不爱活动,羽毛蓬乱无光。缩颈,头及两翅下垂。腹泻,肛门周围的羽毛粘有粪便,消瘦。食道粘膜发生病变时,吞咽困难。眼瞬膜下形成黄色干酪样小球,眼睑鼓凸,角膜中见有溃疡,病鸭呈现麻痹而死亡。

此病的病程一般为3～5天,发病急的2～3天就死亡。

【剖检变化】　鼻、咽、气管、支气管和肺都有炎症,但表现程度不同。鼻腔有淡灰色粘液排出;气管和支气管有淡灰色渗出物,粘膜充血;肺、肋骨浆膜及肠浆膜表面有小米粒大小的黄色及灰白色柔软或硬的小结节,肺组织有肝变、炎性病灶及气肿。部分气囊如胸气囊、腹部气囊的膜上见有一圆碟状中凹的坏死物。病程长的其小结节融合成大的团块,这种结节在胸部气囊也可见到。腹腔内有大量黄色液体,有卡他性肠炎。

【防治方法】

(1) 预防　要搞好环境卫生工作,鸭舍内要通风良好,防止潮湿。严防饲喂霉败的饲料。不可用发霉的东西作为垫料。食槽、饮水器每天都要刷洗,并在阳光下晒干。对已患此病的鸭子要及时隔离,并清除病鸭舍的地面土和垫草,再用20%石灰浆彻底消毒。在饲料中加入0.1%硫酸铜溶液,以防此病的流行。要及时淘汰患此病的公、母种鸭。

(2) 治　疗

① 碘化钾溶液　500 毫升水加入碘化钾 5～10 克,作为饮水用。

② 制霉菌素　按每只鸭子每天 3～5 毫克,拌在饲料中喂给,连服 2～3 天。

③ 中药处方之一　鱼腥草 100 克,蒲公英 50 克,筋骨草 25 克,桔梗 25 克,山海螺 50 克,煎汁后可供 50 只雏鸭饮用 1 天,连服 2 周。

④ 中药处方之二　肺形草 80 克,鱼腥草 80 克,蒲公英 25 克,筋骨草 15 克,桔梗 25 克,山海螺 25 克,煎汁后可供 50 只雏鸭饮用 1 天,连服 1 周。

(七) 鸭传染性浆膜炎

鸭传染性浆膜炎是危害 2～3 周龄雏鸭最为严重的一种传染病,病原是鸭疫里氏杆菌(原称鸭疫巴氏杆菌)。一年四季都可发生,尤以冬、春季节为甚。本病主要经呼吸道传染。育雏室饲养密度过大,空气不流通,潮湿,卫生条件不好,易造成本病的传播。

【症　状】

(1) 急性型　主要表现为精神不好,不吃食,缩脖,腿软喜卧,不愿走动。眼睛、鼻孔常有水样或粘液状的分泌物。排绿色稀粪。死前常见有神经症状,如点头、摆尾、背脖和角弓反张,不久即死亡。

(2) 慢性型　表现为呼吸道症状,如气喘,少数病例出现歪脖、转圈等症状。这种病鸭一般不会死亡,但病愈后发育不良。

【剖检变化】　常见心包膜变厚,心囊积液或心包膜与心外膜粘连。肝脏肿胀,质脆,表面有纤维素,可以剥离开。气囊有的变厚和浑浊。

【防治方法】

(1) 加强饲养管理 要有良好的育雏设备,育雏舍冬季防寒,夏季防暑,便于消毒。要有合理的饲养密度,通风良好,防止潮湿,勤换垫草。采用"全进全出"的育雏方法。

(2) 药物防治 应用四环素、土霉素和多粘菌素 B 等,对鸭疫里氏杆菌病都有良好的防治效果。通常采用土霉素防治,用药方法是按 0.04% 混于饲料内,连喂 3~5 天;5%恩诺沙星液(每毫升加1 000毫升水),连用 3~5 天;盐酸林可霉素(200 克/吨料)连喂 3~5 天。应用抗生素类药物,预先应做药敏试验,宜选用抑菌效果好的药物。

(3) 接种菌苗 国内外已有研究,并在生产中试用,获得了较好的免疫效果。

英国曾选用 A 型菌株制成福尔马林灭活苗,用于 3 周龄雏鸭,1 次肌内注射免疫,获得良好的预防效果。

美国曾选用 1 型、2 型和 5 型菌株,制成福尔马林灭活苗或叫菌素苗,在雏鸭 14 日龄和 21 日龄时,各肌内注射 1 次,免疫期为 1 个月,保证 7 周龄出售时不发病。

1986 年,我国高福等选用 1 型菌株,制成福尔马林灭活苗,在实验室条件下,对雏鸭进行 2 次皮下注射免疫,保护率90%以上。在野外自然条件下,对 1 周龄雏鸭进行 2 次皮下注射免疫,保护率为 86.7%。张大炳研制的特异型菌株铝胶苗,苏敬良研制的多价菌株与大肠杆菌油佐剂联苗,均有较好的免疫效果。油佐剂苗 1 次皮下注射,可保护到上市(6~7周龄),但在接种部位产生肉芽肿性病变。

目前,国外已试验研究成功活菌苗,经气雾和口服免疫,已在美国和加拿大广泛应用,效果不错。

(八) 鸭 丹 毒

鸭丹毒是由丹毒杆菌引起的一种急性败血性传染病。各种日龄的鸭均易感染。本病可造成严重的经济损失。

【症　状】　本病常呈急性败血症经过,在无明显临床症状的情况下突然死亡。发病率一般为30%,死亡率一般为10%～20%。未死者可转为慢性,表现为关节炎和生长发育不良。

【剖检变化】　有败血性病变,肝肿大、淤血、质脆。脾肿大,呈黑紫色。心肌斑点状出血。种鸭较严重,但死亡率较低。再经血液或肝涂片镜检如有革兰氏阳性丝状杆菌,可做出初步诊断。

【防治方法】　在本病的预防工作上,要重视鱼粉的细菌检验工作,不要饲喂不洁的淘汰鱼及其下脚料。要保持鸭舍干燥、清洁,要加强鸭群的饲养管理工作和防疫消毒工作。目前还没有专用鸭疫苗,可用猪及火鸡商品化丹毒菌苗接种,对预防本病有一定的效果。在本病的治疗上,青霉素为首选药物,每只雏鸭肌内注射2万～4万单位,连续治疗2～3天,可获得良好的治疗效果。其他药物如庆大霉素、土霉素、磺胺类药物,也均有良好的治疗效果。

(九) 衣原体病

鸭衣原体病(鸟疫、鹦鹉热)是由鹦鹉热衣原体引起的一种禽类传染病。其临床表现不太明显,不同菌株的毒力有很大的差异。

本病可以传染给人,临床症状类似于流感,经常并发肺炎,是养禽工人的一种职业性疾病。据有关资料介绍,人类的衣原体病,大约有23%的病人曾接触过鸭群。

【症　状】　病鸭精神沉郁,消瘦,排绿色稀便。出现化脓性结膜炎和鼻炎症状。由于感染的菌株毒力不同,表现也有不同,强毒菌株感染死亡率可达30%。

【剖检变化】　浆液性纤维性心包炎,肝周炎和气囊炎,肝肿大并有坏死灶,脾肿大并呈花斑状。

【防治方法】　本病没有商品疫苗或菌苗预防。发病后可用0.044%金霉素拌到饲料中,饲喂2~3周。

(十) 鸭球虫病

鸭球虫病是一种严重危害鸭的寄生虫病。发病率约30%~90%,死亡率约20%~71%。病愈后的鸭子生长受阻,增重缓慢,对养鸭业危害甚大。本病是由毁灭泰泽球虫和菲莱温扬球虫混合感染所致,前者有较强的致病力。各种日龄的鸭对本病均有易感性。尤以雏鸭发病严重,死亡率高。患鸭康复后成为带虫者。网上饲养的雏鸭由于不接触地面,卫生条件较好,故不易被感染。雏鸭一旦下网转为地面饲养,就易传播本病。发病时间与气温和降水量有密切关系,北京地区的流行季节为4~11月份,以9~10月份发病率最高。

【症　状】　急性型常在雏鸭下网后第四天出现精神不好,不吃食,喜卧,爱喝水,排暗红色或深紫色血便等症状。多于发病4~5天后死亡;不死的病鸭于第六天后逐渐恢复食欲。慢性型病鸭一般不显症状,偶见腹泻,可成为传播鸭球虫病的病源。

【剖检变化】　特点是卡他性出血性肠炎,小肠肿胀,有出血斑点,内容物为淡红色或鲜红色粘液。如果从病变部位刮取少量粘膜放在载玻片上,加1~2滴生理盐水调匀,加盖玻片,用高倍镜检查,见有大量的裂殖体和裂殖子即可诊断。

【防治方法】 本病病原是球虫的卵囊,一旦污染地面,就很难根除。在流行季节,每批下网雏鸭在第四天就发病。因此,雏鸭下网后要直接移入未发过病的圈舍,由专人饲养,原传染场地要彻底消毒。如无此条件应采用药物预防。

经试验证明,用磺胺-6-甲氧嘧啶(制菌磺),按0.04%~0.05%的比例混入饲料中喂服(10千克饲料加药4~5克);或用复方新诺明,按0.02%比例混入饲料喂服(10千克饲料加药2克),连续喂4~5天,防治效果均较显著。此外,用广州市医药工业研究所生产的广虫灵亦有效,按0.05%量混入饲料中饲喂。

(十一) 禽葡萄球菌病

禽葡萄球菌病主要发生于鹅和鸭,其次是鸡和火鸡。主要是幼禽感染,特别是长毛时期的小鸡和小鸭。自然感染的病例,主要是通过伤口感染,如鸭和鹅多半是由于蹼或趾被划破感染。

【症　状】 急性病例表现全身症状,发热,精神不振,食欲下降或不良。常见跗、肘、趾关节发炎肿胀,热痛。常出现结膜炎和腹泻症状。有时发现胸部龙骨上的浆液性滑膜炎。病程6~7天,最后死亡。慢性病例表现最明显的是跛行,常常蹲伏,不愿行动,关节肿大,病程延续到2~3周后死亡。

【剖检变化】 急性型主要见实质脏器充血、肿大、卡他性肠炎,跗关节和趾关节囊中呈现浆液或浆液纤维素性炎性物。病程稍长一些的,见关节中的渗出物有化脓及干酪样坏死。慢性病例可见关节软骨上出现糜烂及化脓的干燥样物,软骨易脱落,脱落后骨端见粗糙的灰色化脓病灶。

【防治方法】 要搞好环境卫生,鸭舍及运动场内不应有零碎铁丝、碎玻璃、砖头、石块等杂物,以免造成鸭的外伤。病鸭要隔离饲养,病鸭舍要彻底消毒。

可用抗生素治疗。如肌内注射青霉素 G 钾(钠)盐,每只鸭 1 天 2 次,每次注射 2 000~5 000 单位。饲料中添加 0.02%的土霉素粉,连喂 5 天,疗效都较好。

(十二) 鸭大肠杆菌病

本病是由大肠杆菌引起的一种急性败血性传染病,因而又名鸭大肠杆菌败血病。可危害不同日龄的鸭子,但主要以 14~42 日龄的小鸭多发病。本病常与小鸭传染性浆膜炎并发,并且相互传染加重病情的发展,造成较大的经济损失。本病主要是由于饲养管理条件差,环境卫生不好,通风不良,潮湿,饲养密度过大等应激因素造成的。

【症　状】 本病常突然发生,死亡率较高,其临床表现很像小鸭传染性浆膜炎。如精神沉郁,不爱动,食欲不佳或不吃食,嗜眠,眼、鼻常有分泌物。有时腹泻,但无神经症状运步。刚初生雏鸭表现衰弱、缩脖、闭眼,有的发生腹泻,腹部膨大,常因败血症而死亡或因衰弱脱水致死。成年鸭常表现喜卧,不愿行动。站立或行走时见腹部膨大或下垂,有时呈现企鹅状运步。触摸腹部可感觉腔内有液体。

【剖检变化】 腹腔和胸腔器官以及各气囊表面有明显的湿性颗粒状泌乳样或网状厚度不等的渗出物。心包膜、心内膜、肝脏有纤维素性渗出物。肝脏肿大呈青铜色或胆汁色。脾脏肿大发黑呈斑纹状,腹腔内常有腐败气味。腹膜有渗出性炎症,腹水为淡黄色。种母鸭常见卵黄破裂和卵巢出血。

初生雏多有卵黄吸收不好和脐带炎。有的还呈现脱水,如嘴和腿脚发干。

【防治方法】

(1) 预防方法　改善环境条件,加强饲养管理,尤其是环境卫生,应定期进行清理消毒。另外,还可用大肠杆菌疫苗在2周龄和3周龄各注射1次。

(2) 治疗　因不同的大肠杆菌菌株对药物的敏感程度不同,故需用相关的菌株做药敏试验后,方可选用药物治疗。现一般在饲料中加入0.02%～0.08%磺胺间二甲氧嘧啶－磺胺增效合剂或用0.025%～0.05%磺胺喹噁啉,都有比较满意的疗效。

(十三) 鸭肉毒中毒病

鸭肉毒中毒病是由肉毒梭菌毒素所引起的食物中毒病,是家畜、家禽和人共患的一种食物中毒性疾病。其特征为肌肉麻痹并迅速死亡。这种细菌的抵抗力很强,能在煮沸(100℃)条件下存活1～6个小时,120℃高温需10～20分钟才被杀死。这种细菌广泛存在于土壤中,饲料、水果、肉类等腐败之后,只要有这种细菌生长、繁殖,就会产生极强的毒素,是已知细菌毒素中最强的一种。这种毒素虽然比较耐热,但经足够的时间煮沸仍能使之分解。

【症　状】　本病的潜伏期长短不一,主要决定于所吃食物毒素的数量。一般由吃食物到病症发作,短的1～2个小时,长的1～3天。病鸭精神委靡,不吃食,羽毛松乱,目光无神,眼半闭,腿部、翅和颈部肌肉麻痹,不能行走,翅下垂,头下垂或把头搁在地上,头颈曲转。严重的倒在地上,头颈伸直,所以又叫"软颈病"。病后期可见羽毛震颤及羽毛脱落,腹泻,泄殖腔外翻,死亡前出现昏迷。

【剖检变化】 消化道充血、出血。十二指肠尤为严重。心包积水,心肌出血。肝、脾、肾出血,食道膨大部和胃内有未消化的食物和腐败物。

【防治方法】

(1) 预防 放牧时要注意观察附近有无腐败的动物尸体,以防鸭子啄食。不要喂霉败的青饲料和肉类。

(2) 治疗 用胶管灌服硫酸镁溶液,每只成年鸭用量为 2~3 克,并喂糖水。雏鸭用量酌减。用胶管投药时,要注意将鸭头仰高,以防止液体进入气管而发生异物性肺炎。

有条件时可用抗毒素(抗 C 型肉毒梭菌抗毒素)腹腔注射 2~4 毫升,有一定疗效。

(十四) 幼鸭白肌病

幼鸭白肌病是一种缺硒或缺维生素 E 而引起的营养代谢性疾病。本病是由于利用某些地区缺乏微量元素硒的土壤种植的饲料而造成的。发病率一般较高,死亡率可达 10% 以上,给养鸭业造成严重的经济损失。

【症 状】 病初期精神委靡,食欲下降,身体逐渐消瘦,喙和腿部颜色发白,羽毛逆立,流鼻液,甩食,腹泻,头颈部肿大,不爱走动。随着病情的发展,出现两腿麻痹,软弱无力,走路打晃,头颈左右摇摆,有时向后翻滚,喜卧不能站立,最后倒卧一侧,抽搐而死。种鸭产蛋率、受精率和孵化率都下降。母鸭由于腹腔大量积水造成腹部过大而下垂,行走困难。

【剖检变化】 头部病变,小脑有出血、水肿、坏死性病变。坏死区不透明,呈黄绿色。在头颈部、胸前和腹部皮下,有渗出性黄色胶冻样病变,肌纤维间质水肿,心包积液,腿部肌肉常有出血斑。胸肌和腿部肌肉萎缩，色泽苍白，有黄白色条纹状坏死，尤其是缺乏维生素 E 时，症状更加明显。种鸭腹腔积有大量淡黄色的液体。

【防治方法】

（1）预防　首先要注意饲料来源，在缺硒地区，或饲喂缺硒的日粮时，应加入含有微量元素硒的添加剂，每千克饲料中，应含有硒 0.14～0.15 毫克。在每千克饲料中维生素 E 正常含量为 11 个单位，如果不够就要补足。另外，要注意饲料的保管，因为维生素 E 很容易被氧化破坏，所以，保管期间不要受热，防止酸败。饲料应放在通风、干燥、凉爽的地方，保存时间不宜过久。

（2）治疗　发病后应检查出病因，及时治疗，可获得良好的效果。如果是缺乏硒引发病的，可及时采用 0.005% 亚硒酸钠液，皮下或肌内注射，每只注射 1 毫升，几个小时后可见症状减轻。随后按每千克饲料加入亚硒酸钠 0.5 毫克，1～2天后就会康复。如果是缺乏维生素 E 造成的，每只鸭可 1 次口服 300 单位，每天 1 次，连续使用 2～3 天，就会康复。每只雏鸭每天给予 50～100 毫克维生素 E，连喂 15 天，也会取得良好的效果。

（十五）食盐中毒

饲料中加入适量的食盐对鸭体是有好处的，但鸭对食盐很敏感，在饲料中的含量不应超过 0.5%。1 只 500 克体重鸭如果一次性吃进 1.7～2.7 克食盐，或在饲料中食盐含量达3% 时，就会引起中毒。

【症　状】　病鸭精神委顿，运动失调，两脚无力或麻痹。不吃食，强烈的口渴，食道膨大部扩张，口和鼻有粘液性的分泌物,常发生水样腹泻,呼吸困难,抽搐性痉挛,最后呼吸衰竭而死亡。

【剖检变化】 食道粘膜充血,食道膨大部中充满粘液,粘膜易脱落。腺胃粘膜充血、表面有时形成伪膜。小肠呈现卡他性肠炎,有时出血,皮下组织水肿,心包积水,肺水肿,心脏有时出血。全身血液浓稠,脑膜下血管扩张充血,有时见有小斑点状出血。

【防治方法】 立即停喂含有食盐的饲料,充分供给清洁温水或灌服大量温水和糖水。初病者可内服油类泻剂。

饲料中所加的食盐,一定要经过精确计算。所加的鱼粉一定要检验核对其中的食盐含量。如果食盐含量高,要少加或不加鱼粉。

(十六) 日射病与热射病

日射病与热射病,通常统称为中暑,常发生在夏季阳光直射或鸭舍闷热时,各类鸭子均可发病,以雏鸭较常见。本病可使鸭子大量死亡。

【症 状】 日射病以神经症状为主,病鸭表现烦躁不安。战栗、昏迷、痉挛,体温升高,粘膜发红。

热射病鸭则先表现为呼吸困难,张口喘气,口渴烦躁,体温升高,随即出现昏迷、痉挛、麻痹。

【剖检变化】 日射病病鸭可出现大脑和脑膜充血、出血和水肿等病变。

死于热射病的鸭子大脑和脑膜也充血、出血,不同的是全身静脉淤滞,血液凝固不良。

【防治方法】

(1) 预防 夏季要避免在中午强烈日光下放牧,鸭舍内要通风良好,运动场上要设有凉棚和清凉饮水。

(2) 治疗 发现有中暑鸭时,应马上将鸭群转移到阴凉通风处休息,可先向鸭身上泼洒凉水降温。再用中药治疗。

① 中药处方之一 每100只雏鸭可用白头翁50克,绿豆、甘草各25克,红糖100克,煮水喂服或拌在饲料中饲喂,连服2~3次可见效。大鸭的用量要加倍。

② 中药处方之二 每100只雏鸭用白头翁、水翁子、木患根、倒扣草、尖尾芋梗、路兜筋头、金盏银盆和百花蟛蜞草等各1千克,外加甘草25克,煮水喂服或拌在料中饲喂,连服2~3次。大鸭要加倍喂给。

(十七) 喹乙醇中毒

喹乙醇又叫快育灵,既能促进鸭的生长发育,又具有较强的抗菌和杀菌作用,而且价钱便宜,所以常用作家禽的饲料添加剂和用于防治某些传染病。但是,如果使用不当,用量过大、使用过久或者混于饲料搅拌不匀,就会造成中毒。

【症　状】 病初精神沉郁,食欲减少或不食,翅下垂,行走困难,严重时瘫痪在地不能起立,衰竭而死。慢性中毒者食欲减少,发育受阻,消瘦,羽毛粗乱,不愿走路或瘫痪。鸭喙出现水泡,泡液混浊,后破裂,脱皮干涸龟裂。喙上短下长。眼单侧或双侧失明。

【剖检变化】 急性中毒剖检腺胃粘膜易脱落,慢性中毒剖检肝脏、肾脏和肠道都有轻度肿胀。

【防治方法】 使用喹乙醇时,应严格按说明书所规定的剂量喂服,不得任意加大剂量,也不许高剂量连续超过治疗规定的时间喂服。混入饲料时一定要搅拌均匀。发现有中毒症状时立即停药。

(十八) 鸭恶癖

鸭的恶癖主要表现为啄羽癖和啄肛癖。鸭发生这种恶癖症,主要是由于饲养管理不当引起的,如鸭饲养密度过大,运动量不足,饲料单一造成蛋白质缺乏或饲料中缺乏含硫氨基酸,饲料中矿物质和维生素不足,长时间不喂给食盐,饲喂时间不固定,运动过少。圈舍内通风不良,光照过强等会造成鸭的啄羽癖和啄肛癖。啄羽癖多发生在中鸭或后备鸭转成鸭阶段,即开始生长新羽毛或换小羽阶段(图7-1)。鸭互相追啄翅部及尾上的毛锥或小羽毛,往往造成鸭的伤残而影响正常发育。啄肛癖多发生于产蛋后期的母鸭。由于此时母鸭的腹部韧带和肛门括约肌松弛,没能及时收缩回去而露在外边,造

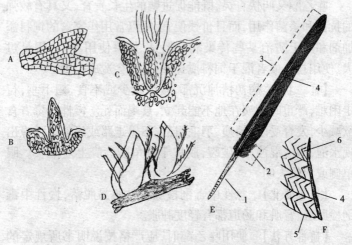

图7-1 羽毛发育结构名称示意图

A,B,C. 正在发育未出皮肤的羽毛

D. 已出皮肤的羽毛　E. 翼羽　F. 羽片

1. 羽轴根　2. 副羽　3. 正羽片　4. 羽轴　5. 羽枝　6. 羽纤枝

成互相啄肛。

【症　状】　鸭互相追啄,有的鸭背部无毛,同时在背部和翼尖有出血及伤痂。母鸭的肛门外翻,有出血或污染现象。严重者有时将直肠或子宫都会啄叼出来,造成死亡。

【防治方法】　要根据发病的原因采取相应的措施。

第一,饲料品种要多样化,特别是要有丰富的蛋白质、矿物质和维生素,以满足鸭的需要。

第二,由于饲料中缺乏硫、钙而引起的啄羽癖,可在饲料中加入硫酸钙(把天然石膏磨成粉末即可)。用药量可根据鸭的大小而决定,一般每天每只1~4克,效果很好。

第三,如果由于饲料中缺乏某种矿物质或维生素引起发病,就要在饲料中加入一定量的该种矿物质和维生素。如果是由于缺乏食盐造成的,可在饲料中加入2%～3%的食盐。但恶癖消失后,就要马上停喂,以免发生食盐中毒。饲料中正常的含盐量是0.3%～0.4%。

第四,加强鸭的饲养管理,每天的饲喂顿数和时间要固定。经常保持舍内外良好的卫生条件,运动场要宽敞,使鸭能够自如地活动。如果鸭群太大,要分群饲养。

第五,发现有恶癖鸭就要进行隔离饲养,并要进行治疗,可用高锰酸钾水洗患部之后,再涂上紫药水。

(十九)　输卵管脱垂

输卵管脱垂也叫输卵管外翻,就是母鸭的输卵管脱出在肛门外面。发病的原因,是由于蛋过大,如双黄蛋、畸形蛋等,母鸭产卵时过分用力努责而引起的。另外,由于输卵管发炎或有啄肛癖时,也易诱发此病。输卵管脱垂多发生在高产母鸭第一个产蛋年度后期,多由于耻骨持久地开张,再加上腹部韧带松弛,致使输卵管脱垂。

【症　状】　在肛门的外面脱出一段充血发红的输卵管或泄殖腔,时间长了,变成暗紫红色,有时患鸭疼痛不安,如果不及时整复,就会引起鸭群发生啄肛癖,互相追啄脱出的输卵管组织,最后病鸭被啄死。

【防治方法】　此病在早期治疗是可以治愈的。即把脱出的部分用温水冲洗干净,轻轻推到肛门内。病鸭应单独饲养,使之能安静地休息。并可往输卵管内注入些冷水或放入小冰块,以减轻充血和促进它的收缩。每日 2～3 次,2～3 天即可恢复。另外,可以进行麻醉治疗,即用 1% 的普鲁卡因溶液清洗或浸渍脱出部分,并在肛门周围做局部麻醉,以减轻发炎和疼痛感觉,效果也比较满意。经治疗无效的病鸭,即应淘汰。

(二十) 脱　肛

脱肛,就是直肠部分脱到肛门外。由于母鸭过肥或因产蛋过多而造成输卵管内膜脂质分泌物不足,产过大的双黄蛋或因停产输卵管收缩,以及便秘和异食癖等都是造成脱肛的原因。

【症　状】　发病初期,肛门周围的绒毛呈湿润状,有时从肛门内流出一种黄白色粘液,以后肛门有 3～4 厘米肉红色的物质脱出。如不及时处理,可引起炎症和溃疡,还容易被其他鸭子啄伤内肛而死亡。

【防治方法】　冬季要加强鸭的饲养管理,有条件的可在饲料中加入 20%～30% 的青饲料。在早春产蛋量上升时,一定要想办法增加青饲料或维生素添加剂。有条件的地区要进行放牧饲养,以增加鸭的运动量和自然光照时间。

对病鸭要及时隔离,单独饲养。对患部可用高锰酸钾水或硼酸水洗净，托送回去，每天处理 3~4 次，初期可治愈。如发生肛门淋(慢性炎症)，即环绕肛门形成韧性黄白色假膜，并有恶臭味时，可用金霉素软膏治疗。

(二十一) 产软壳蛋

产软壳蛋即母鸭生产出来的蛋无硬壳，只被软的卵膜所包围。此病多发生于初产母鸭，由于饲料中缺乏制造蛋壳的维生素 D 和钙质而发病。有时由于外界干扰使母鸭受惊时，也会产软壳蛋或无壳蛋。

【症　状】　因病的程度不同，蛋壳厚薄、大小、重量则不一样。严重时蛋壳完全未形成，只有 1 层卵膜，或附着 1 层很疏松的蛋壳，极易破碎，使生产受到损失。

【防治方法】　因为蛋壳的 93% 是碳酸钙，所以，产蛋鸭饲料中要补充一些含钙质丰富的矿物质饲料，如蛋壳粉、蛎粉、碳酸钙等，应占饲料量的 3%~6%，并补充适量的维生素 A、维生素 D。此外，产蛋鸭舍应保持安静。母鸭都是在夜间产蛋，鸭舍内要整夜照明。这样，一方面可防止兽害，另一方面可防止因环境突变(打雷、下大雨)使母鸭受惊而产软壳蛋。

附　录

附录一　英国樱桃谷公司的肉鸭育种史

(一) 遗传育种研究的基本要素

1. **投资**　樱桃谷公司投资 26 年。
2. **原则**　培育出的产品质量要好,生产费用要低。
3. **性能指标**　各种鸭群不同日龄的体重、脂肪和非脂肪含量、胸肉率、饲料转化率、生殖率。
4. **资源**　樱桃谷公司拥有鸭群 16 个品系,主要为北京鸭肉用型、北京鸭蛋用型、北非型、杂种。单只鸭子的数据收集:每年 24 000～28 000 只;鸭子遗传特性的收集:每年 250 000只,鸭舍 12 000 平方米,研究人员 8～9 人。
5. **选择方法**　北非型,用群体选择;北京鸭用家系选择并有系谱记载。
6. **试验设施**　重复栏圈(家系测定),个体测定栏圈,开放栏圈(大群测定)。

(二) 可遗传性的选择

1. **鸭各日龄的体重和增重**　可遗传性高,直接选择。
2. **鸭的进食量(饲料转化率)**　可遗传性高,直接选择和间接选择。
3. **脂肪含量**　可遗传性高,预测和间接选择。

4. **胸肉率** 可遗传性中等,预测或通过后裔测定。

5. **活动性** 可遗传性中等,直接选择。

6. **存活率** 可遗传性中等,直接选择。

7. **产蛋数** 可遗传性低,直接或间接通过杂交选择。

8. **受精率** 可遗传性低,直接或间接通过杂交选择。

9. **孵化率** 可遗传性低,直接或间接通过杂交选择。

(三) 遗传选择工作的阶段

1. **20世纪60年代中期到70年代初期** 以北京鸭为主,进行品系发展的效率试验。父系的增重大约为70克(2%),母系的生殖测定没有成功。通过杂交后非遗传性能的发展研究,每年增加产蛋数10个,增加孵化率2.5%。为了加大遗传基础,引进了当地的鸭血缘(该鸭品种为白羽毛,母鸭产绿皮蛋,杂交后产白皮蛋)。

2. **20世纪70年代初期** 进行胸肉率选择。主要方法是通过后裔测定,大约每代增加0.4%(胸肉占胴体)。该项工作比较成功。但是随之而来的问题是脂肪含量和饲料转化率的增加。

3. **20世纪70年代中期至80年代后期** 主要进行饲料转化率和脂肪含量效益试验。测定记录每只鸭子的进食量,以充分了解脂肪积聚的相对低效性为基础,进行个体选择留种。

4. **20世纪90年代初期** 进行较大的品系间的特异性选择。着重于质量(胸肉和脂肪含量)和生长效率(饲料转化率)。

附录二 英国樱桃谷公司鸭病的预防措施

英国樱桃谷公司为了使鸭群处于最佳的健康状态,达到最好的生产性能和生产效果,为此,公司设有畜牧兽医技术部,负责鸭病预防工作。

(一) 组织机构

公司畜牧兽医技术部下设有:微生物试验室,有3位专家;兽医诊断室,有3位专家;咨询顾问和协作单位,有农粮渔业部、利物浦大学和香港政府圣玛丽诺医院等7个单位。另外,还有秘书办公室。

(二) 任 务

第一,追踪观察樱桃谷农场各级鸭群的健康状况,如原种场、祖代鸭场、父母代鸭场、商品代鸭场。

第二,按照和高于农粮渔业部的家禽卫生标准,追踪观察樱桃谷各农场的鸭场和孵化场的卫生状态。

第三,如果有必要时安排疫苗注射。

第四,诊断疾病及其相应治疗。

第五,调查研究、采用和改进技术,完成上述任务。

第六,评价和协作咨询及科研工作。

第七,任何时间、任何人有任何问题时,尽力找出相应的答案。

(三) 各部门的工作任务

1. 微生物实验室的任务和服务对象

(1) 对孵化室的日常工作过程 ①对排泄物中的沙门氏菌每周抽查1次。②对建筑物表面每周1次检查沙门氏菌，孵化器内每周2次检查细菌的存留数。③表面(大面上)常规卫生工作，如空气质量测定和霉菌的测定。

(2) 对种鸭场的日常工作过程(沙门氏菌检验对象) ①鸭舍每个角落、地面、用具和水都要取样化验。②装小雏鸭的纸盒。③早死雏鸭。④鸭子泄殖腔用棉球取样。取样周龄分别为3周龄、9周龄、14周龄和18周龄。⑤原种场除以上外还有附加项：鸭个体泄殖腔每周用棉球取样1次，所有死亡和伤残的鸭子都要做检查，所有的饲料、料桶、料槽都要检查，人们换衣服前和换衣服的地方每周检查1次。

(3) 对商品鸭场的日常工作过程 沙门氏菌检查对象是樱桃谷公司自己的鸭场及合同商品鸭场。鸭子泄殖腔用棉球取样。

(4) 对加工厂和烹调厂的日常工作过程 ①各种产品都要检查假单胞菌属(绿脓杆菌)、大肠杆菌及沙门氏菌。②建筑物和装备的表面日常卫生是用棉球取样检查。

以上实验室的试验报告要向畜牧兽医技术部领导、农业部农业董事发送，使各部门领导掌握各种生产情况。

2. 兽医诊断室

(1) 死禽解剖研究 ①1～4日龄内死亡和伤残的鸭子，做日常检查沙门氏菌。②所有伤残的原种鸭、祖代鸭和父母代鸭都要检查沙门氏菌。③试验时所有的鸭子和伤残的鸭子做异常现象特殊检查。④日常要做沙门氏菌检查。⑤检验时对所有的死鸭子和伤残的鸭子都要进行诊断,对伤残的鸭子进行必要的治疗。需要检查的东西,由鸭群管理人员送来,详细的情况在各相应的表格上登记。将结果需相应地散放给农粮渔业部(蓝色)、种鸭场(绿色)及商品鸭养殖场(黄色)。

(2) 血清学诊断 ①血红蛋白抑制试验,如减蛋综合征、新城疫。②琼脂明胶沉淀试验。③镜片凝结试验。④血球凝集等试验。⑤酶联免疫试验,如减蛋综合征、新城疫、巴氏鸭病杆菌、沙门氏杆菌肠炎、曲形肠炎杆菌、链球菌 D 型等。虽然有些用于酶联免疫试验的抗原可以从市场买到,但绝大多数的抗原是自己制备。酶联免疫试验的结果以微机打印出来,散发给相关人员。

兽医试验室将在微机贮存试验结果,积累数据,进行产蛋性能比较。比较的结果可以在微机屏幕上提示或打印出来。

(3) 疫苗试验 ①巴氏杆菌是很普遍的鸭子致病菌,至少有 17 种血清型,具有不同程度的交叉保护性。樱桃谷公司初期研究表明,多元疫苗在控制损失方面很有用处。目前的工作正在致力发现比较窄的血清范围疫苗并有广泛的作用。②肠炎沙门氏杆菌疫苗,据说能抑制肠炎沙门氏杆菌垂直传递,此种疫苗效应目前正在鸭子身上试验。

(4) 药物试验 这些试验的项目有两个,第一个项目是试验各种药物对不同疾病有效性;第二个项目是为各种药物生产执照提供依据。目前只有一种抗生素——羟氨基青霉素是专为鸭子治疗的。抗生素对鸭子抗感染的有效性,现已发现它并不一定遵循和其他动物一样的规律。这明显是由于代谢的差异引起的,而不是由于细菌对抗生素的抵抗性所致。

(5) 致病细菌致病原因的试验 当死后解剖分离出以前没有见过的细菌时,需要做试验来验证这些细菌是初期致病还是二期致病菌。

(6) 抗原和血清的生产 由于只有很有限量的抗血清和抗原能够从商业性公司买到用来做鸭子的试验。樱桃谷公司发现很有必要生产自己的抗原和血清。血清是用鸭子和鸡生产的。

3. 咨询顾问和协作性的工作

第一，为了不与家禽科学研究的进展相脱节，能够利用各方面专家的技能，樱桃谷公司在许多研究所中进行资助科研工作。

第二，做特种研究或是一般性研究。例如，香港黑更斯博士的鸭子细菌免疫学研究。或者是关于某一病毒的专题研究。例如，在贝尔法斯特的农粮渔业部的麦克纳尔特博士的呼吸道弧菌及病毒研究。

第三，协作性工作，主要有关疫苗防疫和疫苗的发展研究或者血清学研究，此项工作在各商业性公司进行。

所有研究类似的结果通过论文在国际上发表，希望将来能生产出疫苗来。

(四) 卫生预防的基本原则

1. 控制污染的来源和途径

一是设计时要将生产区和生活区分开，生产区要在生活区的上风方向，不同日龄的鸭子不能在同一个鸭舍饲养。要有防止野鸟进入的建筑设施。

二是人员控制走动，进出口要有消毒设备。严格控制来访。

三是饲养场地不得进入其他家禽。

四是设备限制随意搬动。

五是想尽办法阻止野鸟和啮齿动物在场内有生存之地。

2．卫生消毒

第一，农场区域(鸭场内)要干净、整洁，定期清洗消毒。

第二，鸭舍内清洗消毒，生产循环之间要留有空隙时间进行彻底清洗消毒。

第三，垃圾要倒在远离鸭场下风方向之处。

第四，死鸭按着卫生标准在远离鸭场处处理掉。

第五，生产区门口设消毒池、更衣室和淋浴室。进入生产区，要穿场内保护性服装和鞋，要有浸鞋消毒池。

3．管理

一是鸭场的控制接触和卫生质量。

二是维持饲养标准，减少不利因素。

三是鸭场提供的产品要保证质量。

4．预防性药物

（1）疫苗　主要是接种鸭子病毒性肝炎 DVH、鸭子病毒肠炎 DVE 和禽霍乱等。

（2）药物　维生素和微量元素的增补。适量增加抗生素的用量，正确使用有利于球虫病治疗的药物。

5．处理任何可能发生的疾病

第一，用隔离限制扩散的可能。

第二，抽查饲养管理和饲料原料。

第三，检疫完全隔离。

第四，畜牧兽医调查，访问鸭场、死禽调查、实验室分析。

第五，诊断，找出病因。

第六，对症治疗鸭病。

第七，提出预防措施，纠正根本的病因。

第八，早期发现，迅速行动。

附录三　各种鸭饲料的营养价值表

(一) 谷　实　类

饲料名称	干物质（%）	代谢能(兆焦/千克)	粗蛋白质（%）	粗纤维（%）	钙（%）	磷（%）	赖氨酸（%）	色氨酸（%）	蛋氨酸（%）	样品说明
大　麦	88.5	12.14	11	5.2	0.09	0.35	0.53	0.17	0.18	
小　麦	86.1	12.64	11.1	2.2	0.05	0.32	0.30	0.12	0.14	
小　米	88.5	11.96	9.3	2.2	0.04	0.29	0.22	-	0.20	
玉　米	87.5	14.01	7.8	1.6	0.10	0.26	0.35	-	0.09	
青　稞	87.4	11.80	10.7	2.2	0.17	0.32	0.43	0.10	0.14	
甘薯干	89.2	12.18	3.4	2.7	-	-	0.09	0.06	0.06	
谷　子	93.9	9.04	11.5	9.5	0.02	0.37	0.23	0.17	0.28	
稻　谷	88.6	10.97	6.8	8.2	0.03	0.27	0.33	0.12	0.21	
荞　麦	87.9	11.08	12.5	12.3	0.24	0.29	0.74	0.16	0.16	
高　粱	87.0	13.36	8.6	2.2		0.29	0.30	0.10	0.10	
莜麦面	92.4	14.45	15.0	1.2	0.07	0.39	0.68	0.21	0.33	
黍(稷子)	89.3	10.55	11.5	8.9	0.08	0.34	0.27	0.72	0.20	
稗　子	88.7	6.17	7.9	13.5	0.27	0.60	-	-	-	
燕　麦	89.4	10.61	12.5	9.8	0.22	0.24	0.34	0.12	0.18	

（二）糠、麸、糟、渣类

饲料名称	干物质（%）	代谢能（兆焦/千克）	粗蛋白质（%）	粗纤维（%）	钙（%）	磷（%）	赖氨酸（%）	色氨酸（%）	蛋氨酸（%）	样品说明
小麦麸	88.4	9.42	13.7	6.8	0.34	1.15	0.51	0.30	0.12	
玉米皮	88.7	10.00	9.7	6.6	0.08	0.59	－	－	－	
米 糠	89.0	11.39	12.5	8.5	0.28	1.60	0.50	0.20	0.20	鲜
米酒糟	20.3	2.94	6.0	1.1	－	－	－	－	－	鲜
高粱酒糟	37.7	4.16	9.3	3.4	－	－	－	－	－	鲜
饴糖渣	22.9	2.74	7.6	2.1	0.10	0.16	－	－	－	鲜
高粱糠	88.4	11.56	10.3	6.9	0.30	0.44	－	－	－	
粉 渣	11.8	0.88	2.0	1.8	0.08	0.04	－	－	－	鲜
啤酒糟	23.1	2.28	6.8	4.2	0.12	0.12	0.86	0.27	0.44	
醋 糟	25.1	－	2.4	5	0.30	0.13	－	－	－	鲜
绿豆粉渣	14.0	1.15	2.1	2.8	0.06	0.03	－	－	－	鲜
甜菜渣	11.4	－	1.1	2.6	0.11	0.02	0.49	0.09	0.13	
蚕豆粉渣	8.7	－	1.1	3.3	0.05	0.01	－	－	－	
玉米酒糟	32.9	—	2.3	11.5	0.31	0.05	－	－	－	

（三）植物性蛋白质饲料

饲料名称	干物质（%）	代谢能（兆焦/千克）	粗蛋白质（%）	粗纤维（%）	钙（%）	磷（%）	赖氨酸（%）	色氨酸（%）	蛋氨酸（%）	样品说明
大　豆	88.8	13.45	37.1	4.9	0.25	0.55	1.72	0.21	0.26	
大豆饼	88.8	11.97	40.2	4.9	0.32	0.50	2.70	0.65	0.60	机榨
菜籽饼	94.0	8.76	38.0	11.8	0.50	0.84	2.20	0.50	0.70	机榨
大豆粕	91.3	10.42	50.8	2.9	0.29	0.65	2.90	0.70	0.65	浸粕
花生饼	88.8	10.73	38.0	5.8	0.32	0.59	1.55	0.46	0.41	机榨
豆腐渣	12.8	1.30	3.70	2.3	0.14	0.04	0.15	0.04	0.04	湿
饴糖渣	22.9	2.78	7.6	2.1	0.10	0.16	－	－	－	湿
胡麻饼	92.0	8.37	38.2	11.9	0.45	0.79	1.37	0.82	1.48	
蚕　豆	83.3	9.98	25.2	6.8	0.08	0.33	2.00	0.21	0.17	
秣食豆	88.4	12.17	34.5	5.9	0.06	0.57	－	－	－	
棉籽饼	92.8	7.42	36.3	13.4	0.80	0.60	1.59	0.50	0.55	机榨
黑　豆	91.5	13.25	37.1	5.7	0.27	0.52	1.85	0.43	0.30	
酱　糟	26.7	2.88	8.2	3.4	0.37	0.11	－	－	－	提味精外产品
酱油渣	59.2	5.74	19.3	7.2	0.16	0.30	0.89	0.33	0.31	
酱　渣	33.3	3.47	10.2	5.4	0.25	0.21	－	－	－	
槐树叶	28.8	2.13	7.8	4.2	0.29	0.03	1.29	－	0.03	鲜刺槐
豌　豆	87.3	11.30	22.2	5.6	0.14	0.34	1.58	0.24	0.31	
扁　豆	92.1	8.69	23.0	9.9	－	－	1.82	0.15	0.14	
向日葵饼	93.0	7.29	41.0	13.3	0.43	1.04	2.00	0.60	1.60	机榨
向日葵粕	93.0	6.03	46.1	11.8	0.53	0.50	1.70	0.50	1.50	浸提
亚麻油饼	90.0	6.36	35.9	8.9	0.39	0.87	1.10	0.47	0.47	
芝麻饼	91.6	10.89	48.1	9.2	2.26	1.09	1.31	0.77	1.38	
椰子饼	90.3	6.82	16.6	14.4	0.04	0.19	0.51	0.14	0.25	
酵　母	88.2	－	52.5	0.50	－	－	3.8	0.50	0.80	

（四）块根、块茎、瓜果类

饲料名称	干物质（%）	代谢能（兆焦/千克）	粗蛋白质（%）	粗纤维（%）	钙（%）	磷（%）	赖氨酸（%）	色氨酸（%）	蛋氨酸（%）	样品说明
马铃薯	21.4	2.64	1.8	0.7	0.02	0.02	0.10	0.03	0.03	
木 薯	30.6	3.93	1.0	0.8	0.09	0.03	0.12	0.03	0.03	
甘 薯	24.6	3.05	1.1	0.8	0.06	0.07	0.07	0.03	0.03	
西瓜皮	4.3	0.26	0.5	1.0	0.02	0.01	－	－	－	
西葫芦	30.0	0.36	0.6	0.5	0.02	0.05	0.02	0.08	0.10	
胡萝卜	12.3	1.23	1.5	1.1	0.15	0.05	0.02	0.01	0.01	
甜 菜	11.2	1.23	1.5	1.4	0.19	0.03	0.05	0.01	0.02	
甜 菜	13.9	1.18	1.7	1.5	0.04	0.02	0.08	0.01	0.02	
菊 芋	25.0	2.60	2.8	2.0	0.01	0.04	0.09	0.24	0.09	
萝 卜	8.0	0.88	1.0	0.5	0.04	0.04	－	－	－	
苦麻菜青贮	10.0	0.95	2.5	1.1	－	－	－	－	－	
胡萝卜秧青贮	15.7	－	1.8	2.7	－	－	－	－	－	
甜菜叶青 贮	37.5	－	4.6	7.4	0.25	0.01	－	－	－	
紫云英青贮	25.0	2.06	7.8	5.1	－	－	－	－	－	

(五) 青 饲 料

饲料名称	干物质（%）	代谢能（兆焦/千克）	粗蛋白质（%）	粗纤维（%）	钙（%）	磷（%）	赖氨酸（%）	色氨酸（%）	蛋氨酸（%）	样品说明
千穗谷叶	15.0	1.38	3.9	1.9	0.38	0.05	–	–	–	鲜
丹麦红云叶	16.5	–	2.9	4.0	0.27	0.04	–	–	–	鲜
水浮莲	7.1	0.49	1.3	1.4	0.17	0.10	–	–	–	鲜
水葫芦	8.0	0.72	2.4	0.9	0.11	0.03	0.06	–	0.01	鲜
水花生	10.5	–	1.8	1.6	0.17	0.08	–	–	–	鲜
玉米叶	25.8	–	3.6	6.6	0.31	0.07	0.08	0.08	0.08	
薯藤叶	20.0	–	2.4	6.3	–	–	–	–	–	鲜
甘薯藤	11.5	–	2.1	3.0	0.46	0.19	–	–	–	鲜
青菜头叶	5.6	–	1.4	0.9	0.12	0.02	0.08	0.07	0.05	鲜
青割豌豆	13.7	0.74	5.7	4.1	–	–	0.25	–	0.03	鲜
白菜帮	7.6	0.61	1.1	0.9	–	–	–	–	–	鲜
白杨叶	29.9	–	5.4	5.0	0.3	0.05	–	–	–	鲜
包心菜叶	12.3	1.06	1.4	1.4	0.04	0.05	0.05	0.01	0.01	鲜
灰菜	18.3	1.10	4.1	2.9	0.34	0.07	–	–	–	鲜

饲料名称	干物质（%）	代谢能(兆焦/千克)	粗蛋白质（%）	粗纤维（%）	钙（%）	磷（%）	赖氨酸（%）	色氨酸（%）	蛋氨酸（%）	样品说明
大头菜	8.5	0.68	1.3	1.0	0.15	0.06	0.05	0.01	0.01	鲜
向日葵叶	18.2	1.57	3.6	1.8	0.66	0.07	－	－	－	鲜花盛期
红三叶	15.4	－	3.4	4.0	0.27	0.33	0.18	0.04	0.06	鲜
红花叶	11.0	－	2.4	2.9	－	－	－	－	－	鲜
杏　叶	32.6	3.27	3.3	2.7	－	－	－	－	－	鲜
三叶草	17.3	1.58	2.3	2.0	0.30	0.03	0.18	0.04	0.06	鲜
大麦芽	7.9	－	1.6	1.7	0.04	0.06	1.30	0.42	0.37	鲜
大白菜	6.0	0.59	1.4	0.5	0.03	0.04	0.03	0.01	0.01	鲜
马齿苋	16.2	1.11	3.9	2.0	0.35	0.18	0.11	0.05	0.04	鲜
小白菜	4.0	0.35	1.1	0.4	0.09	0.03	0.12	0.03	0.03	鲜
榆树叶	32.7	3.22	6.9	3.3	0.58	0.11	－	－	－	鲜
苦麻菜	14.5	1.16	2.8	1.9	0.17	0.05	－	－	－	鲜
苜蓿叶	87.9	7.89	27.7	15.8	1.76	0.31	0.41	0.13	0.08	风干带一茬花
胡萝卜缨	19.1	1.31	3.7	2.7	0.60	0.09	0.15	0.06	0.07	鲜
圆白菜叶	14.8	1.06	1.7	1.8	0.35	0.03	0.08	0.03	0.05	鲜
牛皮菜（根达）	6.5	0.48	1.3	0.7	0.37	0.11	－	－	－	鲜

饲料名称	干物质（%）	代谢能(兆焦/千克)	粗蛋白质（%）	粗纤维（%）	钙（%）	磷（%）	赖氨酸（%）	色氨酸（%）	蛋氨酸（%）	样品说明
秣食豆	19.3	1.59	4.8	3.8	0.38	0.05	–	–	–	鲜
大萝卜秧	8.9	–	2.4	1.1	0.18	0.03	0.14	0.30	0.06	鲜
甜菜叶	12.2	0.89	2.2	1.5	0.12	0.09	0.10	0.02	0.04	鲜
猪毛菜	15.0	1.03	3.3	1.9	0.48	0.05	–	–	–	鲜
紫云英	20.6	–	3.5	6.6	0.31	0.02	–	–	0.23	鲜
聚合草	17.2	1.90	4.3	1.3	–	–	0.11	–	0.02	鲜花初期
聚合草	13.6	1.16	3.1	1.5	1.39	1.11	–	–	–	鲜花盛期
聚合草	15.0	1.02	3.4	2.2	1.39	1.06	0.25	0.06	0.07	鲜
紫花苜蓿	26.7	1.12	3.2	8.5	0.51	0.01	–	–	–	鲜
2年槐叶	35.2	–	5.9	6.1	0.51	0.10	–	–	–	鲜
菊芋茎叶	16.0	–	2.4	3.1	0.17	0.04	–	–	–	鲜
花生秧	26.4	–	3.6	6.4	0.82	0.03	–	–	–	鲜
紫穗槐叶	93.3	1.46	23.2	18.5	1.71	0.31	1.24	–	0.20	干

（六）动物性饲料

饲料名称	干物质（%）	代谢能(兆焦/千克)	粗蛋白质（%）	粗纤维（%）	钙（%）	磷（%）	赖氨酸（%）	色氨酸（%）	蛋氨酸（%）	样品说明
牛　奶	13	2.59	3.3	0	0.12	0.09	0.50	0.04	0.16	鲜
小　鱼	21.6	2.97	15.3	0	－	－	－	－	－	鲜
羊　奶	13.1	2.62	3.8	0	0.14	0.10	0.48	－	0.14	鲜
肉　粉	92.1	18.03	78.0	0	－	－	3.00	0.35	0.75	干
兔头骨架粉	97.4	12.56	40.4	0	10.8	6.3	－	－	－	干
鱼　粉	91.3	13.83	53.6	0	3.16	1.17	3.64	0.29	1.08	干
蚕　蛹	88.0	14.08	61.6	0	1.02	0.58	3.03	0.68	1.6	干
骨肉粉	93.0	8.24	28.0	0	－	－	2.02	0.18	0.53	干
鱼　粉	92.0	13.86	65.0	0	3.83	2.50	5.04	0.75	1.99	干
鱼　粉	92.0	11.90	61.1	0	5.18	2.89	4.72	0.65	1.75	干
脱脂乳	9.4	1.55	3.3	0	－	－	2.6	0.45	0.93	鲜
蛤蜊肉干	87.0	14.82	51.3	0	2.78	7.58	2.58	－	－	干
羽毛粉	90	11.18	83.5	0	0.20	0.68	1.87	0.40	0.43	
血　粉	89.3	9.92	80.2	0	0.30	0.23	5.30	1.00	1.00	干
干乳清	94.0	11.60	13.5	0	1.40	0.82	1.10	0.20	0.20	干

（七）矿物质饲料

饲料名称	钙（%）	磷（%）	样品说明	饲料名称	钙（%）	磷（%）	样品说明
贝壳粉	38.10	—	蚌　壳	磷酸氢钙	23.10	18.70	
贝壳粉	39.28	0.23	北　京	螺壳粉	29.36	0.27	
蛋壳粉	37.76	0.18	脱　胶	石灰石	37.00	0.02	
骨　粉	30.12	13.30	脱　胶	蟹壳粉	23.33	1.59	
骨　粉	30.50	14.30	蒸骨粉	白云石	21.20	—	
磷酸钙	27.91	14.38	脱　氟				

注：此表引自内蒙古农牧学院畜牧系编写《家畜饲养标准与饲料营养价值表》

主要参考文献

1　林大诚等著.北京鸭解剖.中国农业大学出版社
2　台湾省政府农业厅和台湾省行政农业委员会编印.鸭的饲养管理
3　(美)大卫·克来德尔主编.禽流感的预防与控制,1986

金盾版图书，科学实用，
通俗易懂，物美价廉，欢迎选购

蛋鸡饲养技术(修订版)	5.50元	新城疫及其防制	6.00元
蛋鸡蛋鸭高产饲养法		鸡传染性法氏囊病及	
（第2版）	18.00元	其防制	3.50元
鸡高效养殖教材	6.00元	鸡产蛋下降综合征及	
新编药用乌鸡饲养技		其防治	4.50元
术	12.00元	科学养鸭指南	24.00元
怎样配鸡饲料(修订版)	5.50元	蛋鸭饲养员培训教材	7.00元
鸡病防治(修订版)	8.50元	科学养鸭(修订版)	13.00元
鸡病诊治150问	13.00元	肉鸭饲养员培训教材	8.00元
养鸡场鸡病防治技术		肉鸭高效益饲养技术	10.00元
（第二次修订版）	15.00元	北京鸭选育与养殖技术	7.00元
鸡场兽医师手册	28.00元	骡鸭饲养技术	9.00元
科学养鸡指南	39.00元	鸭病防治(修订版)	6.50元
蛋鸡高效益饲养技术		稻田围栏养鸭	9.00元
（修订版）	11.00元	科学养鹅	3.80元
鸡饲料科学配制与应用	10.00元	高效养鹅及鹅病防治	8.00元
节粮型蛋鸡饲养管理		鸭鹅饲料科学配制与	
技术	9.00元	应用	14.00元
蛋鸡良种引种指导	10.50元	青粗饲料养鹅配套技	
肉鸡良种引种指导	13.00元	术问答	11.00元
土杂鸡养殖技术	11.00元	鹌鹑高效益饲养技术	
果园林地生态养鸡技术	6.50元	（修订版）	14.00元
生态放养柴鸡关键技术		鹌鹑规模养殖致富	8.00元
问答	12.00元	雉鸡养殖(修订版)	9.00元
养鸡防疫消毒实用技术	8.00元	野鸭养殖技术	4.00元
鸡马立克氏病及其防制	4.50元	珍特禽营养与饲料配制	5.00元

以上图书由全国各地新华书店经销。凡向本社邮购图书或音像制品，可通过邮局汇款，在汇单"附言"栏填写所购书目，邮购图书均可享受9折优惠。购书30元(按打折后实款计算)以上的免收邮挂费，购书不足30元的按邮局资费标准收取3元挂号费，邮寄费由我社承担。邮购地址：北京市丰台区晓月中路29号，邮政编码：100072,联系人：金友，电话：(010)83210681、83210682、83219215、83219217(传真)。